マンガでわかる
QC検定3級

新改定レベル表対応

内田 治	監修
蜜谷子 ぐり	作画
ウェルテ	制作

Ohmsha

本書に掲載されている会社名・製品名は，一般に各社の登録商標または商標です．

本書を発行するにあたって，内容に誤りのないようできる限りの注意を払いましたが，本書の内容を適用した結果生じたこと，また，適用できなかった結果について，著者，出版社とも一切の責任を負いませんのでご了承ください．

本書は，「著作権法」によって，著作権等の権利が保護されている著作物です．本書の複製権・翻訳権・上映権・譲渡権・公衆送信権（送信可能化権を含む）は著作権者が保有しています．本書の全部または一部につき，無断で転載，複写複製，電子的装置への入力等をされると，著作権等の権利侵害となる場合があります．また，代行業者等の第三者によるスキャンやデジタル化は，たとえ個人や家庭内での利用であっても著作権法上認められておりませんので，ご注意ください．

本書の無断複写は，著作権法上の制限事項を除き，禁じられています．本書の複写複製を希望される場合は，そのつど事前に下記へ連絡して許諾を得てください．

出版者著作権管理機構
（電話 03-5244-5088, FAX 03-5244-5089, e-mail：info@jcopy.or.jp）

JCOPY ＜出版者著作権管理機構 委託出版物＞

はじめに

　品質管理検定（QC 検定）は，品質管理に関する知識をどの程度持っているかを客観的に筆記試験により評価するもので，第1回試験は 2005 年に行われ，現在は年2回（9月と3月）の試験が実施されています。

　日本では多くの企業で品質管理活動が行われています。品質管理を実施するには，企業で働く従業員の品質管理に関する意識と改善力が必要になります。この知識を問うのが QC 検定です。

　QC 検定は1級～4級の4段階に分かれています。4級については，日本規格協会（一般財団法人）のホームページから無料でダウンロードできるようになっています。URL は「http://www.jsa.or.jp/kentei/index.html」です。4級の試験はこのテキストから出題されます。

　本書は3級についての参考書で，マンガを交えながら，3級に要求される知識を解説しています。3級は企業における改善のための小集団活動のメンバー，製造部門の新入社員，大学生，高専生，工業高校生などを対象としています。

　本書は第1部と第2部に分かれています。第1部では品質管理の実践，第2部では品質管理の手法を取り上げています。この2つの分け方は QC 検定試験における分野の分け方に対応させています。

　第1部では以下の内容を解説しています。
- ・QC 的なものの見方と考え方　・管理と改善の進め方
- ・品質の概念　・品質保証
- ・プロセス管理　・問題解決
- ・検査および試験　・標準化

第2部では以下の内容を解説しています。
- ・データの取り方とまとめ方　・QC 七つ道具
- ・新 QC 七つ道具　・統計的方法の基礎
- ・管理図　・工程能力指数
- ・相関係数

なお，第1部と第2部の最後に復習のための練習問題を掲載しています。
本書が QC 検定3級の試験対策に有効な書籍となれば幸いです。

　2016 年 2 月

　　　　　　　　　　　　　　　　　　　　　　　監修

　　　　　　　　　　　　　　　　　　　　　　内　田　　　治

○概　要

　品質管理検定（QC検定）は，日本規格協会と日本科学技術連盟が主催する民間の検定試験です。1級から4級までの試験がありますが，最も受験者数が多いのが本書で扱う3級です。

　4級をスキップして，いきなり3級試験を受ける人も多いことと思います。しかし，3級の試験範囲は4級の範囲を含んでいます。品質管理に関する知識がまるでないまま3級の試験勉強を始めると，用語も難しく，かなり大変だと感じるかもしれません。

　そこで，初めての試験で3級を受験する人は，インターネットで（一財）日本規格協会（JSA）のホームページ内から，無料の4級用テキストをダウンロードすることをお勧めします。「品質管理検定（QC検定）4級の手引き」と題された，わずか50ページ足らずのテキストですが，品質管理の基本を摑むのにきっと役立つはずです。

日本規格協会のQC検定ページ（平成29年3月現在）

　　URL　http://www.jsa.or.jp/kentei/index.html

　本書では，公表されている3級の試験範囲を対象に学習を進めていきます。大まかな理解を助けるためのマンガと，より深く詳しい解説ページとの二本立てで，わかりやすく学べるよう工夫しました。さらに「第1部　品質管理の実践」と「第2部　品質管理の手法」の終わりに掲載してある練習問題を解いて，知識を確実なものとしてください。

○**3級に求められる能力とレベルについて**

「QC七つ道具について，作り方・使い方をほぼ理解しており，改善の進め方の支援・指導を受ければ，職場において発生する問題をQC的問題解決法によ

り，解決していくことができ，品質管理の実践についても，知識として理解しているレベル」であり，「基本的な管理・改善活動を，必要に応じて支援を受けながら実施できるレベル」とされています。

まだ，「QC七つ道具」という用語を知らない人もいるでしょうが，安心してください。この本だけで試験に必要な知識が身につくはずです。

○3級試験の対象となる人物像について

「業種・業態にかかわらず自分たちの職場の問題解決を行う全社員（事務，営業，サービス，生産，技術を含むすべて）」，「品質管理を学ぶ大学生・高専生・高校生」とされています。

このように高校生も試験の対象とされているので，3級試験に難しい数式はほとんど出てきません。ただし，高校の数学で習う確率分布と統計処理を復習しておくと，より理解がしやすくなるでしょう。2級試験を目指す際にも役立つはずです。

○試験の実施方法

試験の詳細は，やはり（一財）日本規格協会（JSA）のホームページ内を参照してください。

試験時期	3月と9月の年2回
出題形式	マークシート式（選択肢問題か○×方式）
試験時間	90分
出題数	17～19問で，記入箇所は90～96個。 1個につき1分以内で解答することが目安。
合格範囲	70%以上。 ただし，「品質管理の実践」と「品質管理の手法」の分野で，それぞれ50%以上の正解が必要。

3級の試験範囲
品質管理の実践

■**QC的ものの見方・考え方**
・マーケットイン，プロダクトアウト，顧客の特定，Win-Win
・品質優先，品質第一
・後工程はお客様
・プロセス重視（品質は工程で作るの広義の意味）
・特性と要因，因果関係
・応急対策，再発防止，未然防止，予測予防【定義と基本的な考え方】
・源流管理
・目的志向
・QCD+PSME
・重点指向《選択，集中，局部最適》
・事実に基づく活動，三現主義
・見える化《管理のためのグラフや図解による可視化》，潜在トラブルの顕在化【定義と基本的な考え方】
・ばらつきに注目する考え方
・全部門，全員参加
・人間性尊重，従業員満足（ES）

■**品質の概念**【定義と基本的な考え方】
・品質の定義
・要求品質と品質要素
・ねらいの品質とできばえの品質
・品質特性，代用特性
・当たり前品質と魅力的品質
・サービスの品質，仕事の品質
・社会的品質【定義と基本的な考え方】
・顧客満足（CS），顧客価値【言葉として】

■**管理の方法**
・維持と管理【定義と基本的な考え方】
・PDCA，SDCA，PDCAS
・継続的改善【定義と基本的な考え方】
・問題と課題【定義と基本的な考え方】
・問題解決型QCストーリー
・課題達成型QCストーリー【定義と基本的な考え方】

■**品質保証：新製品開発**【定義と基本的な考え方】
・結果の保証とプロセスによる保証
・保証と補償【言葉として】
・品質保証体系図【言葉として】
・品質機能展開【言葉として】
・DRとトラブル予測，FMEA，FTA【言葉として】
・品質保証のプロセス，保証の網（QAネットワーク）【言葉として】
・製品ライフサイクル全体での品質保証【言葉として】
・製品安全，環境配慮，製造物責任【言葉として】
・市場トラブル対応，苦情とその処理

■**品質保証：プロセス保証**【定義と基本的な考え方】
・作業標準書
・プロセス（工程）の考え方
・QC工程図，フローチャート【言葉として】
・工程異常の考え方とその発見・処置【言葉として】
・工程能力調査，工程解析【言葉として】
・検査の目的・意義・考え方（適合，不適合）
・検査の種類と方法
・計測の基本【言葉として】
・計測の管理【言葉として】
・測定誤差の評価【言葉として】
・官能検査，感性品質【言葉として】

■**品質経営の要素：方針管理**【定義と基本的な考え方】
・方針（目標と方策）
・方針の展開とすり合せ【言葉として】
・方針管理のしくみとその運用【言葉として】
・方針の達成度評価【言葉として】

品質管理の実践（続き）

■品質経営の要素：日常管理【定義と基本的な考え方】
・業務分掌，責任と権限
・管理項目（管理点と点検点），管理項目一覧表
・異常とその処置
・変化点とその管理【言葉として】

■品質経営の要素：標準化【言葉として】
・標準化の目的・意義・考え方
・社内標準化とその進め方
・工業標準化，国際標準化

■品質経営の要素：小集団活動【定義と基本的な考え方】
・小集団改善活動（QC サークル活動など）とその進め方

■品質経営の要素：人材育成【言葉として】
・品質教育とその体系

■品質経営の要素：品質マネジメントシステム【言葉として】
・品質マネジメントの原則
・ISO9001

品質管理の手法

■データの取り方・まとめ方
・データの種類
・データの変換
・母集団とサンプル
・サンプリングと誤差
・基本統計量とグラフ

■QC 七つ道具
・パレート図
・特性要因図
・チェックシート
・ヒストグラム
・散布図
・グラフ（管理図別項目として記載）
・層別

■新 QC 七つ道具【定義と基本的な考え方】
・親和図法
・連関図法
・系統図法
・マトリックス図法
・アローダイアグラム法
・PDPC 法
・マトリックス・データ解析法

■統計的方法の基礎【定義と基本的な考え方】
・正規分布（確率計算を含む）
・二項分布（確率計算を含む）

■管理図
・管理図の考え方，使い方
・$\bar{X}$-R 管理図
・p 管理図，np 管理図【定義と基本的な考え方】

■工程能力指数
・工程能力指数の計算と評価方法

■相関分析
・相関係数

4級の試験範囲

品質管理の実践

■品質管理
・品質とその重要性
・品質優先の考え方（マーケットイン，プロダクトアウト）
・品質管理とは
・お客様満足とねらいの品質
・問題と課題
・苦情，クレーム

■管理
・管理活動（維持と改善）
・仕事の進め方
・PDCA，SDCA
・管理項目

■改善
・改善（継続的改善）
・QCストーリー（問題解決型QCストーリー）
・3ム（ムダ，ムリ，ムラ）
・小集団改善活動とは（QCサークルを含む）

・重点指向とは

■工程（プロセス）
・前工程と後工程
・工程の5M
・異常とは（異常原因，偶然原因）

■検査
・検査とは（計測との違い）
・適合（品）
・不適合（品）（不良，不具合を含む）
・ロットの合格，不合格
・検査の種類

■標準・標準化
・標準化とは
・業務に関する標準，品物に関する標準（規格）
・色々な標準《国際，国家》

品質管理の手法

■事実に基づく判断
・データの基礎（母集団，サンプリング，サンプルを含む）
・ロット
・データの種類（計量値，計数値）
・データのとり方，まとめ方
・平均とばらつきの概念
・平均と範囲

■データの活用と見方
・QC七つ道具（種類，名称，使用の目的，活用のポイント）
・異常値
・ブレーンストーミング

企業活動の基本

・製品とサービス
・職場における総合的な品質（QCD＋PSME）
・報告・連絡・相談（ほうれんそう）
・5W1H
・三現主義
・5ゲン主義
・企業生活のマナー
・5S
・安全衛生（ヒヤリハット，KY活動，ハインリッヒの法則）
・規則と標準（就業規則を含む）

マンガでわかるQC検定3級　目次

はじめに（監修の言葉） ……………………………………… III

受験案内 ……………………………………………………… IV

試験範囲 ……………………………………………………… VI

プロローグ …………………………………………………… XIV

第1部　品質管理の実践 …………………………………… 1

第1章　QC的なものの見方・考え方 ……………………… 2

　1　品質管理とはなにか ………………………………… 6
　2　ISOとJISについて ………………………………… 8
　3　マーケットイン，プロダクトアウト ……………… 9
　4　QCの要素と要件 …………………………………… 10
　5　顧客重視と顧客満足 ………………………………… 16
　6　プロセス重視 ………………………………………… 17
　7　重点指向 ……………………………………………… 19
　8　PDCA，SDCA，PDCAS …………………………… 20
　9　事実に基づく管理と三現主義 ……………………… 26
　10　ばらつきの管理 ……………………………………… 27
　11　後工程はお客様 ……………………………………… 28
　12　再発防止と未然防止 ………………………………… 29
　13　グラフや図解による見える化 ……………………… 30

IX

第2章　管理と改善の進め方 …………………………………… 32
　1　管理と改善とはなにか ……………………………………… 39
　2　方針管理 ……………………………………………………… 40
　3　方針によるマネジメント …………………………………… 42
　4　日常管理 ……………………………………………………… 45
　5　小集団活動（QCサークル活動）………………………… 46

第3章　品質の概念 ……………………………………………… 48
　1　品質の定義 …………………………………………………… 51
　2　ねらいの品質とできばえの品質 …………………………… 52
　3　品質特性と代用特性 ………………………………………… 53

第4章　品質保証 ………………………………………………… 56
　1　品質保証とはなにか ………………………………………… 65
　2　品質保証体系 ………………………………………………… 66
　3　品質機能展開 ………………………………………………… 67
　4　DR，FTA，FMEA，リスクアセスメント ……………… 69
　5　製品安全と苦情対応 ………………………………………… 71

第5章　プロセス管理 …………………………………………… 74
　1　プロセスの定義と考え方 …………………………………… 78
　2　工程管理の基本的な方法 …………………………………… 79

第6章　問題解決 ………………………………………………… 82
　1　問題解決と課題達成 ………………………………………… 86
　2　問題解決型QCストーリーの進め方 ……………………… 87
　3　QC的問題解決ステップと留意点 ………………………… 88

マンガでわかるQC検定3級　目次

第7章　検査および試験 …………………………………………… 90
1　検査の定義と基本的な考え方 ……………………………………… 96
2　測定の基本 …………………………………………………………… 97
3　検査の種類と方法 …………………………………………………… 100

第8章　標準化 ……………………………………………………… 102
1　標準化の概要 ………………………………………………………… 106
2　標準化の目的と意義 ………………………………………………… 107
3　社内標準化の目的と意義 …………………………………………… 109

第1部　練習問題と解答 ………………………………………… 111

XI

第2部 品質管理の手法 ……………………………………… 115

第1章 データの取り方・まとめ方 ……………………………… 116
  1 データの種類, データの変換 ………………………………… 124
  2 母集団とサンプル ……………………………………………… 125
  3 サンプリングと誤差 …………………………………………… 126
  4 基本統計量とその計算方法 …………………………………… 128

第2章 QC七つ道具 ………………………………………………… 134
  1 QC七つ道具の種類 …………………………………………… 143
  2 パレート図 ……………………………………………………… 145
  3 特性要因図 ……………………………………………………… 146
  4 チェックシート ………………………………………………… 148
  5 ヒストグラム …………………………………………………… 149
  6 散布図 …………………………………………………………… 152
  7 グラフ …………………………………………………………… 154
  8 層別 ……………………………………………………………… 156

第3章 新QC七つ道具 ……………………………………………… 158
  1 新QC七つ道具の種類 ………………………………………… 164
  2 親和図法 ………………………………………………………… 164
  3 連関図法 ………………………………………………………… 165
  4 系統図法 ………………………………………………………… 166
  5 マトリックス図法 ……………………………………………… 167
  6 アローダイアグラム法 ………………………………………… 168
  7 PDPC法 ……………………………………………………… 170
  8 マトリックス・データ解析法 ………………………………… 171

マンガでわかるQC検定3級　目次

第4章　統計的方法の基礎 …………………………………… 172
　1　統計と確率 ………………………………………………… 178
　2　正規分布 …………………………………………………… 179
　3　二項分布 …………………………………………………… 182

第5章　管理図 ………………………………………………… 186
　1　管理図の考え方と使い方 ………………………………… 192
　2　$\bar{X} - R$ 管理図 ………………………………………………… 195
　3　p 管理図と np 管理図 …………………………………… 197

第6章　工程能力指数 ………………………………………… 200
　1　工程能力指数 ……………………………………………… 204
　2　工程能力指数の計算と評価方法 ………………………… 205

第7章　相関係数 ……………………………………………… 208
　1　相関係数 …………………………………………………… 210
　2　相関係数の計算と評価方法 ……………………………… 210

第2部　練習問題と解答 ……………………………………… 213

参考文献 ………………………………………………………… 217
索引 ……………………………………………………………… 218

第1部 品質管理の実践

●第1章 QC的なものの見方・考え方

1 品質管理とはなにか

そもそも品質とはどういうものでしょう。現在の日本工業規格「JIS Q 9000：2015 品質マネジメントシステム―基本及び用語」の「品質に関する用語」によると，次のようになっています。

> **品質**（quality）
> 本来備わっている特性の集まりが，要求事項を満たす程度。

この定義は，国際規格である ISO 9000：2015 の内容を変えずに翻訳したもので，わかりやすいとはいえません。また，特性や要求事項という別項目で定義されている用語が含まれているために，より難しく感じられると思います。

そこで，大まかなイメージをとらえるために，あなたに関係のある製品を何か一つ思い浮かべてください。その製品には，デザインや性能，安全性，使い勝手など，様々な性質があるはずです。それらを総合して，自分が要求するレベルに比べてどのぐらいか，というのが，品質マネジメントにおける品質という言葉の意味です。あなた自身が，製品の作り手であっても，製品を買う顧客であっても，それぞれの立場からの品質があります。

品質管理（quality control）とは，作り手サイドの言葉で，英語の頭文字からしばしば QC と略されます。簡単にいうと，製造する品物やサービスが顧客の要求する品質になるよう管理することです。すでに廃止された「JIS Z 8101」の定義では，品質管理は「買手の要求に合った品質の品物又はサービスを経済的に作り出すための手段の体系」となっていて明快でした。

ところが，現在の定義では，次のように品質管理は品質マネジメントの一部とされています（JIS Q 9000：2015）。

> **品質マネジメント**（quality management）
> 品質に関するマネジメント。

品質管理（quality control）
品質要求事項を満たすことに焦点を合わせた品質マネジメントの一部。

マネジメント（management）とは、「組織を指揮し、管理するための調整された活動」のことで、日本語では**運営管理**といいます。

現在では、現場での品質管理、組織ぐるみの**総合的品質管理**（total quality control: **TQC**）に加えて、トップマネジメント（組織のトップにある個人又はグループ）のリーダーシップによる、**総合的品質マネジメント**（total quality management: **TQM**）が重要視されています。

3級試験で必要とされるのは職場内での品質管理に関する能力ですが、TQMの概念は理解しておく必要があります。特に**品質マネジメントの原則**は、「QC的なものの見方・考え方」の根本となるものなので、以下に掲げる一覧表の内容を読んで、理解に努めてください。

原　則	説　明
1．顧客重視	品質マネジメントの原則は、顧客の要求事項を満たすこと及び顧客の期待を超える努力をすることにある。
2．リーダーシップ	全ての階層のリーダーは、目的及び目指す方向を一致させ、人々が組織の品質目標の達成に積極的に参加している状況を作り出す。
3．人々の積極参画	組織内の全ての階層にいる、力量があり権限を与えられ、積極的に参加する人々が、価値を創造し提供する組織の実現能力を強化するために必須である。
4．プロセスアプローチ	活動を、首尾一貫したシステムとして機能する相互に関連するプロセスであると理解し、マネジメントすることによって、矛盾のない予測可能な結果が、より効果的かつ効率的に達成できる。
5．改善	成功する組織は、改善に対して、継続して焦点を当てている。
6．客観的事実に基づく意思決定	データ及び情報の分析及び評価に基づく意思決定によって、望む結果が得られる可能性が高まる。
7．関係性管理	持続的成功のために、組織は、例えば提供者のような、密接に関連する利害関係者との関係をマネジメントする。

JIS Q 9000：2015より抜粋

2 ISO と JIS について

国際規格の冒頭についている **ISO** の記号は，**国際標準化機構**（International Organization for Standardization）の規格であることを示しています。国際標準化機構は，スイスに本部を置く独立した非政府系の組織で，工業関連の世界共通標準を自発的に策定する世界最大のデベロッパーです。日本も 166 か国ある会員国の一つです。ISO が扱わない電気分野については，**IEC**（国際電気標準会議 International Electrotechnical Commission）などが標準化を行っています。ISO と IEC が共同で策定した規格には，ISO/IEC という記号がつけられています。

ISO 規格には番号がついており，どの分野のものであるかを表しています。品質マネジメントシステムに関しては，**ISO9000** ファミリーが規定しています。また，近年重視されるようになった環境配慮に関する環境マネジメントシステムについては，**ISO14000** ファミリーで規定されています。数字のうち，コロン（：）で区切られた後ろ 4 桁(けた)は，規格が策定・改定された年号を示しています。たとえば ISO 9001：2015 は，2015 年に改定されているわけです。

事業所の掲揚などで，「ISO9001 取得」といった表示を見かけることがあると思います。ISO には認証制度があり，その事業所は認証機関の審査を受けて合格し，登録されていることを示しています。マネジメントシステムが世界標準の ISO 規格に適合していると認められることは，自社の社会的信頼と競争力を高めることにつながります。品質マネジメントシステムについては ISO9001 が，環境マネジメントシステムについては ISO14001 が認証取得の対象です。

日本には **JIS**（**日本工業規格** Japanese Industrial Standards）があり，国内の工業標準を定めています。世界と国内の規格が異なると複数の基準が存在することになり，不都合が生じてしまいます。そこで JIS は，ISO と完全に一致させるか，ISO を一部修正したものになっています。

たとえば，「品質マネジメントシステム―基本及び用語」を規定する JIS Q 9000：2015 は ISO 9000：2015 と，「品質マネジメントシステム―要求事項」

を規定するJIS Q 9001：2015はISO 9001：2015と，「組織の持続的成功のための運営管理―品質マネジメントアプローチ」を規定するJIS Q 9004：2010はISO 9004：2009と一致しています。これらの日本の規格と国際規格との関係を示す際には，ISOの数字の後ろにIDT（Identical：一致）という略号を付記します。

一方で，後で学ぶことになる管理図のうち**シューハート管理図**（JIS Z 9021：1998）のように，国際規格のISO 8258：1991とわずかばかり異なるものもあります。こちらにはMOD（Modified：修正）の略号が付記されます。

記号の「JIS」の次に置かれている「Q」や「Z」の文字は，カテゴリー（分類）を表しています。「管理システム」のカテゴリーに関する規格には「Q」の記号がついています。「Z」がついているのは「その他」のカテゴリーで，品質管理に関係のあるものでは，統計の用語と記号，計測用語，測定や検査に関するもの，管理図や統計的方法に関するものなどを含んでいます。これらの規格は，土木や機械をはじめとする多種多様な業種で必要とされるものなので，一つのカテゴリーに絞り込めません。そのため「その他」にあたる「Z」となっています。

3 マーケットイン，プロダクトアウト

品質優先，**品質第一**を極端に推し進めた例を考えてみましょう。たとえば，ものすごくおいしいご飯が炊けますが，価格が1000万円する炊飯器。あるいは，外観も住み心地も満点ですが，建築工期が30年かかる注文住宅をどう思いますか？

どちらも買う人はいないでしょう。これらは作り手側の自己満足的な品質になってしまっているのです。だからといって反対に，値段が安く，早く手に入ったとしても，タコが小さく味の良くないタコ焼きでは売れそうにありません。こちらは顧客の求める品質に達していないわけです。

QC的な意味での品質優先，品質第一とは，顧客の要求を満足させる品質を最も優先させるという考え方をいいます。この立場から，顧客のニーズを優先させて（市場指向），企業が製品の開発と供給をするやり方を**マーケットイン**（market-in）といいます。

反対に，製造者が自らの技術を先行させ（生産指向），顧客に売り込んでいく方法を**プロダクトアウト**（product-out）といいます。

1970年代半ばまでは，技術改良が市場拡大につながっていたため，ほとんどの企業ではプロダクトアウトが主流でした。その後，消費者の要求が多様化するにつれ，マーケットインが主流となっていきました。

QCの要素と条件

製造の現場では，作業する**人間**（man）が，**機器**（machine）を用いて，**原材料**（material）から，一定の**方法**（method）で製品を完成させていきます。この**生産の4要素**を英字の頭文字から**4M**と呼びます。これらの要素は変動しやすいので，注意深く管理する必要があります。

この4Mに，規格に適合しているかどうかを調べる**測定**（measurement）を加えて，**5M**とする場合もあります。

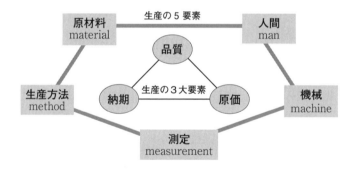

製造する上で守らなくてはならないのが，**品質**（quality），**原価**（cost），**納期**（delivery）の**生産の3大要素**です。これらを英字の頭文字から**QCD**といいます。たとえば，「うまい，安い，早い」というスローガンを掲げる外食の会社は，まさにQCDの順番どおりに自社の特徴をアピールしているわけです。

QCDに**安全**（safety）のSを加えて**QCDS**とすることも，さらに**士気**（Morale）・**倫理**（moral）のMを加えて**QCDSM**とする場合もあります。現在では，さらに**生産性**（productivity）のPと**環境**（environment）のEを加えて，**QCD+PSME**とする場合が多くなっています。

しかし、どんなに条件が増えたとしても、品質（Q）が第一にくるのは変わりません。

QCD+PSME を揺るがす原因となるのが、**ムダ（無駄）**、**ハラ（ばらつき）**、**ムリ（無理）**の**3ム現象**です。

このような3ム現象を避け、QCD+PSME を守るために、製造現場で行われているのが **5S 活動**です。職場などのポスターや標語として掲示されることが多いので、見たことのある人も多いと思います。**整理**、**整頓**、**清掃**、**清潔**、しつけの五つの頭文字から名づけたものですが、**作法（身だしなみ）**を加えて、**6S 活動**と呼ぶ場合もあります。

項目	意味合い
整理	必要なものと不要なものを区別し、不要なものを処分すること。職場には必要なもの以外は一切置かないことがポイントである。不要な物があることで、余計なエネルギーが必要となる。
整頓	必要な物が誰にでも、すぐに取り出せる状態にしておくこと。探す時間などのムダを省くことになる。
清掃	ゴミなし、ヨゴレなしの状態にすること、職場も設備もピカピカに磨き上げること、汚すとそこが目立つので、汚せなくなる。また、余分な物が仕掛かり製品などに付着しなくなる。
清潔	整理・整頓・清掃を徹底すること。この三つを実行することで、清潔な職場環境を保つことができる。
しつけ	決められたことを、決められた通りに正しく実行できるように習慣づけること。作業は決めた手順（基準）通りに実行する。

● 第1章 QC的なものの見方・考え方

5 顧客重視と顧客満足

顧客（customer）とは製品・サービスを受け取る側の人や組織のことで，**供給者**（supplier）の対義語です。顧客と供給者の双方が製品を介してともに利益を得られる望ましい状態のことを経営学の用語で **Win-Win** といいます。そのためには，まず供給者はどのような顧客に向けて製品を生みだすのか明確にしなくてはなりません。これを**顧客の特定**といい，供給者は特定された顧客の要求事項を満たす製品・サービスを提供する努力を行います。

品質マネジメントの原則（JIS Q 9000：2015）に次の**顧客重視**があります。

> 品質マネジメントの原則は，顧客の要求事項を満たすこと及び顧客の期待を超える努力をすることにある。

つまり，**顧客の購入前の期待**と**購入後の評価**が一致したからといって満足するのでなく，評価が期待を超えることを目指せといっているわけです。評価が期待を下回ると，顧客は必ず離れていきます。そこで，たとえ顧客からの苦情がなくても，**顧客満足**を測定することが大切になってきます。

顧客満足とは，英語の customer satisfaction を直訳したもので，わが国で

は比較的新しい概念です。英語の頭文字から **CS** と呼ぶこともあります。JIS Q 9001：2008 の「品質マネジメントシステム—要求事項」の顧客満足の項は，次のようになっています。

> 組織は，品質マネジメントシステムの成果を含む実施状況の一つとして，顧客要求事項を満たしているかどうかに関して顧客がどのように受けとめ

ているかについての情報を監視しなければならない。組織はこの情報の入手及び使用の方法を定めなければならない。

企業が顧客満足度について調査をしたら、ただ意見を集めるだけでなく、測定した結果を分析し、改善につなげなくてはなりません。

顧客満足のためには、開発の段階から前述のマーケットイン（市場指向）を重視する必要があります。市場とは顧客の集合体なので、突き詰めれば**顧客指向**の重視と同じ意味になります。

販売後も、顧客からの情報を常に品質にフィードバックすることで、顧客指向をさらに徹底させてくことが求められています。

顧客にとっての製品やサービスの価値、企業の人材やイメージへの評価など、顧客から見た企業の価値を**顧客価値**といいますが、顧客重視を徹底し、顧客満足を追究することで顧客価値も上がっていきます。

プロセス重視

品質管理の基本が**プロセス重視**です。プロセスとは日本語でいう工程のことですが、定義では次のようになっています。（JIS Q 9000 : 2015）

> **プロセス（process）**
> インプットを使用して意図した結果を生み出す、相互に関連する又は相互に作用する一連の活動。

ヤカンを作ると仮定しましょう。製品を完成させるまでには、本体を成形する、注ぎ口をつける、フタを作るなど、いくつものプロセス（工程）があります。注ぎ口の工程なら、本体を成形したものが渡されて（インプット）、注ぎ口をつけて後のプロセスに引き継ぎます（アウトプット）。ほとんどの場合、アウトプットは次のプロセスのインプットとなっています。そして、すべてのプロセスの最終結果として製品が得られるわけです。

「**品質は工程で作り込め**」という言葉がありますが、言い換えれば、品質を決

定づけるのはプロセスだということです。最終的な検査は，品質の悪いものを取り除きますが，品質のよいものを製造してはくれません。個々のプロセスを適正なものにしないと，最終結果である製品は品質のよいものになりません。

さらに，プロセス間の相互関係も大切になります。JIS Q 9001：2015では，**プロセスアプローチ**という方法を推奨しています。組織内で望んだとおりの成果を得るために，プロセスを明確にし，その相互関係を把握して運営管理するとともに，一連のプロセスをシステムとして適用させることをいいます。

こうすることで，複数のプロセスの相互関係や個別のプロセス間のつながりを，システムとして管理できるようになります。プロセスアプローチで可能となるのは，次の4点だとしています（JIS Q 9001：2015）。

1．要求事項の理解及びその一貫した充実
2．付加価値の点からの，プロセスの検討
3．効果的なプロセスパフォーマンスの達成
4．データ及び情報の評価に基づく，プロセスの改善

また，品質マネジメントシステムにおける「経営者の責任」，「資源の運用管理」，「製品実現」，「測定，分析及び改善」の関係は，次のような図で示すことができます。

この図は後で述べるPDCAサイクルの一例にもなっています。

プロセスを基礎とした品質マネジメントシステムのモデル（JIS Q 9001：2008より）

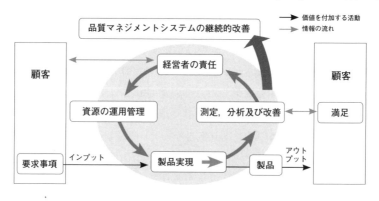

7 重点指向

問題点，改善すべき点がいくつもあるとき，どこから手をつけるべきでしょうか。当然ですが，重要な問題から取り組まなくてはなりません。

たとえば，経費の見直しが必要な場合，原材料費のように支出金額の大きなものから検討をはじめるはずです。楽に見直せるからといって，トイレット・ペーパーの紙質を落とすところからはじめる企業はまずありません。

つまり**重点指向**とは，効果的な重点を**選択**し，**集中**して改善に取り組み，その問題に関しては最適となるよう，品質重視の観点から改善に取り組むやり方です。

では，どうやって重点を選択すればよいでしょう。常識的に考えると，次のようなものが考えられます。

1．緊急かつ大幅に改善しなくてはならないもの
2．労力をかければ改善でき，それに比べて効果が高いもの
3．組織の業績に直結するもの
4．組織の将来にかかわる経営方針につながるもの

これらが事業の継続に直結する重要事項であることは明白で，組織のトップこそ積極的に関わらなくてはならない全体最適の課題になっています。

改善を進めるには，現場で非常に役立つ道具があります。それが，第2部で説明する「**QC七つ道具**」です。七つ道具の見方，作り方，使い方を理解し，活用できる能力が，3級の受験者に求められています。

QC七つ道具の一つである**パレート図**は，とりわけ重点項目の洗い出しに役立つものです。20ページのグラフを見てください。「形状不良」と「寸法不良」の二つが，不適格品の80％以上を占めています。その他を含む8項目の4倍以上の比率です。こうなれば，この2点を重点として選択し，集中して部分最適に取り組むべきだということが容易に理解できると思います。

また，このように頻度順に分類し，効率よく管理する手法を，**パレート分析**，

又は **ABC 分析** と呼んでいます。

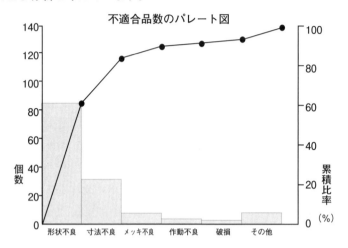

8 PDCA，SDCA，PDCAS

PDCA は，Plan-Do-Check-Act の頭文字を並べたもので，あらゆるプロセスに適応できる方法論です。JIS Q 9001：2015 の説明では，PDCA のそれぞれは次のようになっています。

1．Plan（計画）：システム及びそのプロセスの目標を設定し，顧客要求事項及び組織の方針に沿った結果を出すために必要な資源を用意し，リスク及び機会を特定し，取り組む。
2．Do（実行）：計画されたことを実行する。
3．Check（監視・測定）：方針，目標，要求事項及び計画された活動に照らして，プロセス並びにその結果としての製品及びサービスを監視し，（該当する場合には，必ず）測定し，その結果を報告する。
4．Act（処置）：必要に応じて，パフォーマンスを改善するための処置をとる。

これら 4 段階の手順を繰り返すことで，継続して業務を改善していくことから，**PDCA サイクル** ともよばれています。サイクルを確実に早く回していく

ことで，らせん階段をどんどん上るように改善を進めることができます。

　Plan（計画）の段階では，綿密なプロセスの設定をします。そのためには**5W1H**を明確にした文書を作成してく必要があります。5W1Hとは，Who（**だれが**），When（**いつ**），Where（**どこで**），What（**なにを**），Why（**なぜ**），How（**どのようにして**）行うかという六つの疑問詞の頭文字から名づけられたもので，知っている人も多いことでしょう。

　Act（処置）の段階では，不適合があれば，その原因を取り除くための**是正処置**をとります。その場合，処置の手順は文書化しなくてはなりません。こうして品質マネジメントシステムが常に有効であるよう，継続的に改善していく必要があります。

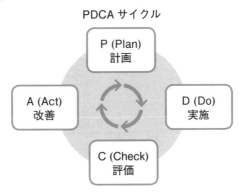

PDCAサイクル

　SDCAは，Plan（計画）の頭文字PにかえてStandardization（標準化）のSにしたものです。**PDCAS**は，PDCAに加えて標準化のSを入れたものです。

　SDCAサイクルと**PDCASサイクル**は，実際にはPDSAサイクルの概念に含まれていますが，特に標準化を強調する目的で用いられます。標準化については，別項目で説明します。

●第1章 QC的なものの見方・考え方

9 事実に基づく管理と三現主義

　事実やデータに基づかない管理はありえません。医療の分野でよく使われる「根拠に基づいた医療（evidence-based medicine）」と同様に，品質マネジメントシステムにおいても，勘や憶測や経験に頼るのではなく，英語でいうfactualな管理，すなわち**事実に基づく管理**が必要です。

　自動車メーカーで長年使われてきた考え方に**三現主義**があります。**現場**，**現物**，**現実**の三つの「現」を重視するもので，「現場に行って，現物に触り，現実を摑む」ことを意味します。たとえば犯罪捜査の場合ですが，事件は会議室でなく現場で起きています。捜査をする刑事は，現場に足を運び，残された現物の証拠品をよく調べ，犯人を割り出して事件全体を把握するわけです。

　三現主義は**事実に基づく活動**を行う指針であり，事実に基づく管理に生かせる方法論です。また，経営戦略としても有用です。品質マネジメントの原則の一つに「意思決定への事実に基づくアプローチ」があります。「効果的な意思決定は，データ及び情報の分析に基づいている」とされていますが，三現主義にそのまま当てはまります。

　三現主義に，**原理**と**原則**の「原（ゲン）」を加えた**五ゲン主義**もあります。原則と原理という言葉ですが，似ているものの，次のような意味の違いがあります。

原理：多くのものごとを成り立たせている根本的な法則
原則：多くのものごとに当てはまる根本的な法則

　現場で現物を見たとしても，どこが問題か気づかず，現実を摑めないときがあるはずです。そういう場合，原理や原則と照合することで，問題点の発見につながることがあります。

　また，観測したり測定したりしたデータは，QC七つ道具のような統計的な手法で分析しなければ意味あるものになりません。その場合も，原理や原則と照らし合わせて，目に見えていない現実を摑まえる必要があります。

10 ばらつきの管理

　三角形の内角の和を合計すると、180度になることは知っていると思います。ところが、現実に存在する三角定規で、ぴったり180度になるものは存在しないそうです。つまり、どんなに単純に見える製品であっても、必ずばらつきが生じるのです。

　鉄板に直径30.00mmの穴をあけるプロセスがあるとしましょう。おそらく結果は、30.01mmや29.98mmのように、設計上の数値と多少のずれがあるはずです。しかし、加工したものを次のプロセスに送り出すときには、できる限りばらつきが小さくなるよう管理しなければなりません。これを**ばらつきの管理**といいます。不適合品を減らすことが品質管理の要点の一つなので、**ばらつきに注目する考え方**は品質管理の基本となる概念です。

　ばらつきの最大の原因となるのが、前に述べた5Mです。

　作業する人（man）の技能やその日の体調、使っている機械（machine）の性能や調整具合、材料（material）自体のばらつきや品質、加工方法（method）の正確さ、測定（measurement）での誤差。これらが様々に絡み合って、ばらつきを生じさせます。

　プロセスを管理する人は、作業者への適切な教育や健康面への配慮、機械や治具の適切な保守保全、材料を受け入れる際の検査の徹底、作業プロセスの標準化の徹底、測定器の管理や測定方法の標準化を行わなくてはいけません。そうすれば、管理が行き届かないためのばらつきは解消されることになります。

　そのようにして同質の材料を用いて全員が標準化された作業をしたとしても、実際にはばらつきが生じます。ばらつきがまだ十分に小さくなかった場合、不可抗力による**偶然によるばらつき**なのか、**異常原因によるばらつき**なのかを区別する必要があります。

　その道具となるのが、QC七つ道具の一つである管理図です。

　28ページの表にある管理図は、いずれも「工程が統計的管理状態にあるかどうかを評価するための管理図」で、シューハート管理図と呼ばれるタイプのものです。3級試験で出題されるのは $\bar{X}$-R 管理図、p 管理図、np 管理図の三

つですが，管理図は必ず出題されます。後述の品質管理の手法の該当項目をよく読んで，十分理解してください。

代表的なシューハート管理図

管理図名	特徴
$\bar{X}$ 管理図	工程平均の変化を監視する。
R 管理図	工程内のばらつきの変化を監視する。
$\bar{X}$-R 管理図	$\bar{X}$ 管理図と R 管理図を合わせたもの。
p 管理図	不良品率を管理する。
np 管理図	不良品数を管理する。

11 後工程はお客様

　プロセス重視の項目で述べたとおり，一つのプロセス（工程）のアウトプットが，次の工程のインプットになります。**後工程**とは，自分たちが受け持つ工程（**自工程**）のアウトプットによって影響を受けるその後のすべての工程のことです。反対に，自工程に影響を及ぼす前の工程を**前工程**といいます。
　「**後工程はお客様**」とは，自工程より後ろの工程の作業者をお客様のように考え，自工程では不良品を作らないようにして，喜んでもらえるようなアウトプットを行うという意味です。「品質は工程で作る」ものなので，すべての工程が「後工程はお客様」の考えを徹底すれば，すべての工程の最終結果である製品も，品質のよいものになるはずです。
　この考え方のポイントは次のとおりです。

1.　前工程からインプットされるものの品質を確かめます。自工程では，前の工程に対しても品質のよいものを要求する責任が生じます。不良品は受け入れず，不良品ではなくても気づいた点があれば，自工程の

管理者を通じて前の工程にフィードバックします。
2. 自工程においては，作業者それぞれが自分の役割を十分理解して責任を果たし，また工程の責任者は，QCDSM の管理を適正に行います。さらに不良品がないよう検査をして，後工程にアウトプットします。
3. 後工程がどのようなものを希望しているかを理解します。そのために，後工程の作業手順や管理方法についても知っておく必要があります。
4. 製造の管理者は，プロセスアプローチを重視して，工程間の相互作用を体系的に把握し，永続的な改善を心がけます。

様々な工程を水の流れに例えれば，「後工程はお客様」とは，問題を上流のうちに解決し，下流に送らないという考え方です。このような管理方法を**源流管理**といいます。

12 再発防止と未然防止

問題が発生した場合に，二度と起こらないようにすることを**再発防止**といいます。また，問題が発生する前に予測して起こらないように することを**未然防止**といいます。
JIS Q 9024：2003 は再発防止を次のように定義しています。

再発防止（recurrence prevention）
　問題の原因又は原因の影響を除去して，再発しないようにする処置。

再発防止のための処置を是正処置といいます。JIS 9000：2015 で定義を見てみましょう。

是正処置（preventive action）
　不適合の原因を除去し，再発を防止するための処置。

また，発生を未然に防止するための処置もあります（JIS 9000：2015）。

> **予防処置**（corrective action）
>   起こり得る不適合又はその他の起こり得る望ましくない状況の原因を除去するための処置。

「不適合」というのは，製品やサービスに求められている事柄（要求事項）を満たしていないことをいいます。いずれの処置も，不適合の「**原因を除去**」することに重点が置かれていることに注目してください。「不適合を除去」するだけの処置は，単なる**修正**です。

予防処置が未然防止のためのものであることと，再発防止のためには，予防処置と是正措置の両方を行わなければいけないことがわかると思います。

原因を除去するのに時間がかかるときは，まず**応急対策**を行います。扇風機を注文したのにストーブが届いた，という苦情が顧客からきたら，注文書を確認して，こちらのミスだとわかれば，とりあえず，すぐ扇風機を顧客に届けなくてはいけません。

応急対策とは，このような「とりあえず」の処置であり，再発防止と違って根本的な処置ではありません。

また，未然防止のためには起こり得る状況を予測して対処する**予測予防**の考え方が必要です。そのためには，**潜在トラブルの顕在化**を行って，隠れているトラブルの種をすくい出して，目に見えるものにすることが大切になります。

13 グラフや図解による見える化

職場で起こる様々な現象から，問題点を拾い出し，永続的な改善へとつなげる道具として，**グラフ**や**図解**が利用されています。グラフはQC七つ道具の一つであり，また，ほかのQC七つ道具と新QC七つ道具も，管理のためのデータを分析して図表にし，見やすい情報に転換する道具です。このように「目に見える」ようにする活動を**見える化**，あるいは**可視化**といいます。

交差点にある信号も，進んでよいか停止するかを赤緑黄の光で示す可視化の道具です。製造の現場でも，異常を知らせるシグナルやブザーを利用している

ところが多いはずです。

　見える化にあたっては，誰に見えるようにするのか，何を見えるようにするのかを明確にしておく必要があります。見える化にはリソース（資源）を要するので，成果の見込めない可視化では，無駄が生じるためです。たとえば，大小含めてすべての交差点に信号をつけたなら，莫大な費用がかかるだけでなく，スムーズな交通を妨げることにもなりかねません。

　見える化は，品質管理の上で大きな効果があります。特に，情報を知るべき人が簡単に共通認識を持てるようになる点，また，問題の発見，問題の整理，問題の原因分析が早く行えるようになる点が挙げられます。

　数値として計測できるデータ（**定量データ**）は，QC七つ道具を使ってグラフや図表にすることで，問題の発見と整理が行えます。顧客の意見のように数値化できないデータ（**定性データ**）を分析する場合には，主に新QC七つ道具を用います。定量データの分析方法が**定量分析**で，定性データの分析の分析方法が**定性分析**です。

　可視化しにくい定性データを分析する方法に **KJ法** があります。文化人類学者の故川喜多二郎氏が考案し，その頭文字からKJ法と名づけられました。

　次の手順で行います。

1．情報収集を行う。
2．データや意見，アイデアを，一つの事柄につき1枚ずつラベルに書き込む。
3．類似するラベルを集め，グループに分ける。
4．グループの持つ共通性からタイトルを作り，グループ数が3〜9になるまで，グループわけとタイトル作りを繰り返す。
5．タイトルの関係を図解にし，文章化する。

新QC七つ道具の一つである親和図法はKJ法を応用したもので，それまで把握できなかったものを見えるようにする有効な方法の一つです。

第2章 管理と改善の進め方

●第2章 管理と改善の進め方

●第2章 管理と改善の進め方

管理と改善とはなにか

品質管理が品質マネジメント（quality management）であることはすでに述べました。それでは，品質マネジメントに含まれる主な活動にはどのようなものがあるのか，主なものを表にしてみましょう（JIS 9000：2015）。

活　動	内　容
品質方針 （quality policy）	品質に関する方針。一般に組織の全体的な方針と整合しており，組織のビジョン及び使命と密接に関連付けることができ，品質目標を設定するための枠組みを提供する。
品質目標 （quality objective）	品質に関する目標。通常，組織の品質方針に基づいている。
品質計画 （quality planning）	品質目標を設定すること及び必要な運用プロセスを規定すること，並びにその品質目標を達成するための関連する資源に焦点を合わせた品質マネジメントの一部。
品質保証 （quality assurance）	品質要求事項が満たされるという確信を与えることに焦点を合わせた品質マネジメントの一部。
品質管理 （quality control）	品質要求事項を満たすことに焦点を合わせた品質マネジメントの一部。
品質改善 （quality improvement）	品質要求事項を満たす能力を高めることに焦点を合わせた品質マネジメントの一部。

品質マネジメントにおける活動とは，このように幅広い意味を持っています。品質についての方針と目標を設定して，それに合わせて計画を立て，狭い意味での品質管理を行い，品質保証と品質改善を行うことまでを含みます。

品質改善については，**有効性**，**効率**，**トレーサビリティ**の側面から検証する必要があるとしています。トレーサビリティ（traceability）とは，**履歴の追跡**ができることを意味します。たとえば，何かの製品であれば，もとの材料や部品は何か，どんなプロセスで処理されたか，出荷後の製品はどこに送られ，どこにあるのか，といった記録をきちんと残しておくことがトレーサビリティ

ということになります。

また，品質改善は繰り返して行うことが求められています。このような活動を**継続的改善**（continual improvement）といいます。JIS Q 9024：2003 の定義では，「問題又は課題を特定し，問題解決又は課題達成を繰り返し行う改善」となっています。

改善のための目標を設定し，改善の機会を常に見い出していくプロセスは，監査による結論の利用やデータの分析など，様々な方法を活用しながら，継続的に行う必要があります。

品質マネジメントにおける改善は，トップマネジメント（組織のトップにいる個人又はグループ）による指揮と管理を強調していますが，日本の製造業では，以前から，現場で作業する人々が中心となった「改善」が行われてきました。こちらは，前述の quality improvement とは，改善を行う主体が異なっています。このため日本語の発音そのままの Kaizen という言葉が，世界でも通用するようになりました。

作業する人たちの創意と工夫が，製品の品質，製造の現場，組織全体の効率をよりよいものにするのが **Kaizen**（カイゼン）であり，後述する日常管理や小集団活動（QC サークル活動）と関連しています。

2 方針管理

方針管理は，日本で培われてきた品質管理の手法で，企業の経営目的を合理的に具体化していくための活動です。

日本科学技術連盟の定義では「経営方針に基づき，中・長期経営計画や短期経営方針を定め，それらを効率的に達成するために，企業組織全体の協力の下に行われる活動」とされています。

組織トップの方針を，**重点指向**に基づいて組織の上部から順に展開し，最終的には末端の業務にまで徹底させていく方式をとりますが，単なるトップダウンではありません。

方針管理の場合は，全社的な PDCA サイクルと，各部門に落とし込んで細やかに展開した PDCA サイクルの両輪を回して，全社レベルと部門レベルが

連携する活動を図ります。現場では経営方針を実現するための**重点施策**が明快かつ具体的になり，業務が進めやすくなります。また，それぞれの現場で行った対処を総合していけば，自然に全社的な目標達成へとつながります。

経営陣は全体で取り組んだ成果を評価して，次期の経営目的を設定します。設定の際には，期間を定めることも大切です。方針管理は規模の大きいものと

方針管理の PDCA サイクル手順

方針（目標）の策定 P
経営トップの方針（目標）に基づき，部門方針（目標）を作成する。

方針（目標）の実施 D
方針（目標）書に定められた達成計画に従って実施し，そのプロセスや結果を進行状況表などに記入する。

方針（目標）の評価 C
方針（目標）達成のプロセスを分析して，達成計画との差異をチェックする。

方針（目標）の見直し A
経営トップが進行状況をチェックし，評価や原因追究の結果を次期の方針（目標）に反映させる。

なるので，1週間で成果を求めるのは困難ですし，10年，20年では方針がぼやけてしまいます。

単年度か，それより長い中長期計画に適した活動といえるでしょう。中期とは3～5年，長期とは5～10年を目安とする期間です。

3 方針によるマネジメント

JIS Q 9023：2003 でも，組織のマネジメントシステムのパフォーマンスを改善する支援技法として，**方針によるマネジメント**の指針を定めています。ここでいう方針とは，「重点課題，目標及び方策を設定する枠組みを提供する」ものとされ，次のように定義されています。

> **方針**（policy）
> トップマネジメントによって正式に表明された，組織の使命，理念及びビジョン，又は中長期経営計画の達成に関する，組織の全体的な意図及び方向付け。

また，**重点課題**（critical issue）とは「組織として重点的に取組み達成すべき事項」，**目標**（objectives）は「方針又は重点課題の達成に向けた取組みにおいて，追究し，目指す到達点」，**方策**（means）は「目標を達成するために，選ばれる手段」となっています。重点課題，目標，方策には，最上位の組織全体のものもあれば，下位の部門ごとのものもあります。

方針の策定後には，**方針の展開**と**方針のすり合わせ**を行います。定義では次のようになっています（JIS Q 9023：2003）。

> **方針の展開**（policy deployment）
> 方針に基づく，上位の重点課題，目標及び方策の，下位の重点課題，目標及び方策への展開。
>
> **方針のすり合わせ**（policy coordination）
> 方針に基づいて，組織の関係者が調整し，上位の重点課題，目標及び方策と下位の重点課題，目標及び方策が一貫性を持ったものにする活動。

トップマネジメントによる上位の方針を下位に広げて浸透させることが方針

の展開であり，上位と下位の重点課題，目標，方策が矛盾しないよう組織内で調節することが方針のすり合わせだといえるでしょう。

方針によるマネジメントでは，次に示す四つの原則を重視しています（JIS Q 9023：2003）。

リーダーシップ

トップマネジメント及び組織内の責任者は，組織の目的及び方向を一致させる。トップマネジメント及び組織内の責任者は，人々が組織の目標を達成することに十分に参画できる内部環境をつくりだし，維持すべきである。

PDCA サイクル

方針の策定（Plan），実施（Do），確認（Check）及び処置（Act）のプロセスを一つのシステムとして，明確にし，目標を達成するように，重点志向のもとで運営管理することによって，マネジメントシステムのパフォーマンスを改善する。

プロセス重視

目標の達成状況だけではなく，結果に至ったプロセスを分析して，プロセスを改善することによってマネジメントシステムのパフォーマンスを改善する。

事実に基づくアプローチ

方針の策定及び実施状況の評価にあたり，事実に基づく分析によって，定量的な目標を設定し，結果を分析して方針及びマネジメントシステムのパフォーマンスを改善する。

また，方針の実施に当たっては，事実に基づいて目標の未達成原因を追究し，マネジメントシステムのパフォーマンスを改善する。

方針によるマネジメントの運用にあたっては、次の点に留意します。

1．重点指向とすること
2．的確な伝達で理解を促すこと
3．進むべき方向，達成期限，責任権限を明確にすること
4．遂行のための経営資源（ヒト，モノ，カネ，情報）を適切に投入すること
5．進捗状況を確認すること，実施プロセスの見直しを行うこと，期限に未達成ならば原因の調査と分析を行って次期に反映させること

留意点の5番目にある**方針の達成度評価と反省**は，継続的なパフォーマンス改善にとり重要で，これに則って次期の中長期計画が策定されていきます。

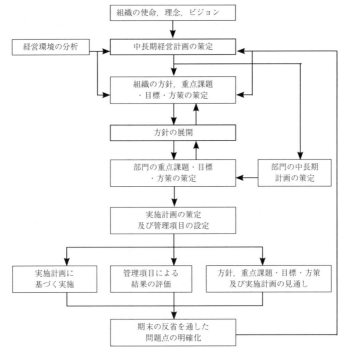

方針によるマネジメントの概要（JIS Q 9023：2003 より）

方針によるマネジメントのしくみと運用の流れは，44ページの図の通りです。

日常管理

方針管理が組織全体の大きな取り組みであるのに比べ，**日常管理**は現場における日常的な取り組みを対象とするものです。

日本品質管理学会規格の「日常管理の指針」によれば，「組織のそれぞれの部門において，日常的に実施されなければならない分掌業務について，その業務目的を効率的に達成するために必要なすべての活動」と定義されています。

日常行っている業務そのものではなく，「業務目的を効率的に達成するため」に日常業務の維持と向上を図ることが日常管理です。維持を目的に行う活動を**維持活動**，向上を目的に行う活動を**改善活動**といいます。

日常業務の維持と向上を超える部分は，前述の方針管理の対象になります。組織全体が期間ごとに目標を達成していくには，基礎部分の日常管理と，発展部分の方針管理を両立させる必要があります。

日常管理における第一の要件は，業務のプロセスを常に標準化（Standardization）していくことです。また，作業者全員が標準（Standard）を理解し，共通した意識を持つために，品質管理についての教育や，職場単位ごとの小集団活動（QCサークル活動）を行うことも大切です。標準化に重点を置くSDCAサイクル（PDCAサイクルの一種）を回すことで，維持活動と改善活動を確実に進めていきます。

プロセスと自分の作業内容が明確であることが，日常管理の前提条件です。管理にあたっては，QCD+PSMEに影響を及ぼす要因となる項目を**管理項目**として決定します。具体的にいうと，工程表（工程と手順，その管理を一覧表したもの）に，**点検項目**として記載されている「寸法」や「外観」などの項目が管理項目といえるでしょう。さらに，**管理水準**を設定し，正常と異常の境界を決めておきます。管理に利用するのは，QC七つ道具のチェックシートや管理図です。実は日常管理というのは，シューハート管理図の考え方を取り入れて，管理方法として確立させたものです。

管理図により管理水準から外れるか，外れる恐れがあると判断したら，原因

を突き止めて除去します。効果を確認できればプロセスを標準化し，管理項目と管理水準の見直しをして，新たに向上した段階から SDCA サイクルを回していきます。

5 小集団活動（QCサークル活動）

小集団 (small group) は，JIS Q 9024：2003 の定義によると，「第一線の職場で働く人々による，製品又はプロセスの改善を行う小グループ」であり，「QCサークルと呼ばれることがある」とされています。一方，部門をこえて編成されるチームは**部門横断チーム**（cross-functional team）と呼び，単独の部門では解決できないような課題に対処するとされています。

現在では，日本の多くの職場が **QC サークル活動**に取り組んでいますが，始まりは半世紀以上も前のことでした。1962 年，日本科学技術連盟が職場の人に向けた品質管理の雑誌を発刊し，QC を学ぶだけでなく実践しようと呼びかけたのがきっかけです。QC サークルという言葉も，このとき作られました。

日本科学技術連盟のホームページ内の「QC サークルの基本」に，QC 活動がどういうものかまとめてあるので，以下に掲載します。

基本理念
・人間の能力を発揮し，無限の可能性を引き出す。
・人間性を尊重して，生きがいのある明るい職場をつくる。
・企業の体質改善・発展に寄与する。

活動の方針
　運営を自主的に行い，QC の考え方・手法などを活用し，
　創造性を発揮し，**自己啓発・相互啓発**をはかり，
　活動を進める。

活動が目指すもの
・QC サークルメンバーの**能力向上・自己実現**。

・明るく活力に満ちた生きがいのある職場づくり。
・**お客様満足**の向上および社会への**貢献**。

経営者・管理者の役割

　この活動を企業の体質改善・発展に寄与させるために，人材育成・職場活性化の重要な活動として位置づけ，自らTQMなどの全社的活動を実践するとともに，人間性を尊重し**全員参加**を目指した指導・支援を行う。

単に経営効率や合理性，顧客満足のためでなく，QCサークル活動を，職場で働く人々の自主性と人間性を尊重し，社会に貢献するという究極の生きがいにまで高める活動としてとらえている点に最大の特徴があります。

従業員満足（employee satisfaction：ES）というと，給料など待遇面ばかりを考えがちですが，体系的な教育システムにより働く人の成長を促し，仕事による達成感を得られる職場をつくることも経営者の重要な役割です。

経営者側は小集団活動を支援し，自分たちも総合的品質マネジメント（total quality management：TQM）を実践します。こうして，経営者，管理者，各部門のすべての職員が参加する一体化した品質管理体制が生まれます。

全部門，全員参加の考え方をもとに日本の企業は改善と発展を積み重ねていき，メイド・イン・ジャパンの高品質を保ってきたのです。

第3章 品質の概念

1 品質の定義

すでに廃止されたJIS Z 8010の定義では，品質とは「品物又はサービスが，使用目的を満たしているかどうかを決定するための評価の対象となる固有の性質・性能の全体」とされていました。しかし，前に述べたとおり，現在では「本来備わっている**特性**の集まりが，**要求事項**を満たす程度」(JIS Q 9000：2015)と改められ，ややわかりにくい定義となっています。

品質という言葉をもっと掘り下げて検討してみるために，定義の中で使用されている二つの用語である「特性」と「要求事項」に注目してみましょう。

まず，特性の定義はこうなっています (JIS Q 9000：2015)。

> **特性**（characteristic）
> 特徴付けている性質。

元の英語では distinguishing feature となっており，噛み砕いて訳せば，何かを「際だたせている特徴」といってよいでしょう。

もう一つの要求事項については，定義だけではわかりづらいので，注記1を併せて載せます (JIS Q 9000：2015)。

> **要求事項**（requirement）
> 明示されている，通常暗黙のうちに了解されている又は義務として要求されている，ニーズ又は期待。
> **注記1** "通常暗黙のうちに了解されている"とは，対象となるニーズ又は期待が暗黙のうちに了解されていることが，組織及び利害関係者にとって，慣習又は慣行であることを意味する。

この中に出てきた以下の三つの言葉を，さらに説明してみましょう。「明示されている」とは，説明書などで「おおやけに示されている」ということです。「通常暗黙のうちに了解されている」とは，製造元や顧客や販売店などの間で，

「取り立てていわなくても当然だと思われている」ということです。「義務として要求されている」とは,「必須である」ということです。

つまり要求事項とは,これら三つの観点から見た,製品・サービスにとって「必要なこと(ニーズ)」と,製品・サービスに対する「期待」という意味になります。

そこで,また品質の定義に立ち返ってよく読めば,「もともとある特徴的な性質が,全体としてどの程度,三つの観点から見た要求事項に合っているか」という意味になると理解できると思います。

ある国語辞典で品質という言葉を調べたら,あっさりと「品物の質」と表記されていました。しかし,品質管理における品質という言葉には,様々な観点から見た複雑な意味が含まれているのです。

ねらいの品質とできばえの品質

新たな製品やサービスを開発する場合,どのような特性を持たせられるか,顧客が必要とし期待するものは何か,要求をどこまで満たせるか,などを必ず検討するはずです。つまり,どういう品質にするかを最初から考えているわけです。

このことから,品質管理は企画立案時に始まるといってよいでしょう。この段階で方向づける品質を**企画品質**といいます。

次いで,企画品質を反映させるための設計を行います。原価や販売価格の制限,技術上および工程上の困難のために,企画コンセプトの品質をそのまま設計図や設計仕様に生かせるとは限りません。しかし,総合的に勘案しながら設計者や設計グループは,ねらった品質を設計に反映させます。この段階の品質を,**ねらいの品質**,あるいは**設計品質**といいます。

次いで,製造を行います。結果として製品ができあがった段階での品質を,**できばえの品質**,あるいは**製造品質**といいます。製造品質には多少のばらつきが生じますが,設計品質と異なり方が大きい場合は,原因が設計にあったのか,製造プロセスにあるのかを調べ,問題の除去を行います。

次いで,製品が顧客の手に渡り,実際に使用した段階での品質を**使用品質**と

いいます。その後も,製品のアフターサービス等に関する品質として,**サービスの品質**があります。

顧客から見た場合,明示されていたり,当然であったり,必須であったりする要求事項であれば,満たされていても当たり前だと考えるはずです。これを**当たり前品質**といいます。

当たり前品質の状態では,品質マネジメントの原則にある「顧客要求事項を満たし」ているに過ぎません。その先の「顧客の期待を超える努力」の成果が,**魅力的品質**,あるいは**前向き品質**につながります。

なお,当たり前品質と魅力的品質の中間に位置するのが**一元的品質**です。

期待を超える魅力的品質こそが,顧客満足度を大きく高めるものだといえます。企業は顧客満足度を常に調査し,次の企画品質を策定し,さらなる魅力的品質を目指す努力をしていく必要があります。

3 品質特性と代用特性

JIS Q 9000:2015 にある特性の定義は前に述べましたが,特性の種類についても書かれているので表にまとめます。

特性の種類	特性の例
物質的	機械的,電気的,化学的,生物学的
感覚的	嗅覚,触覚,味覚,視覚,聴覚などに関するもの
行動的	礼儀正しさ,正直さ,誠実さ
時間的	時間厳守の度合い,信頼性,アベイラビリティ,継続性
人間工学的	生理学上の特性,人の安全に関するもの
機能的	飛行機の最高速度

特性には,実に様々なものがあるとわかります。また,特性には「本来備わ

っている（inherent）」性質もあれば，後から「付与された（assigned）」性質もあります。たとえば，タコについていえば，もともとは赤茶色でぐにゃぐにゃした生き物です。これがタコに本来備わっている性質です。ところが，スーパーに並んでいるタコは，ゆでて赤い色になり，切り分けてあり，値段をつけて売られています。「赤い」，「値段」は，タコに本来備わった性質ではなく，付与された性質といえるでしょう。

さらに，飛行機の最高速度のように計測できる定量的(quantitative)な性質と，礼儀正しさのように数字で計れない定性的(qualitative)な性質に分類できます。

品質特性の定義を見てみましょう（JIS Q 9000：2015）。

> **品質特性**（quality characteristic）
> 要求事項に関連する，対象に本来備わっている特性。

品質特性は「本来備わっている特性」とあるので，改変したり，壊れるなどがない限りは不変の特性（permanent characteristic）であり，品質を判断する対象となる特性のことです。

たとえば，スマートフォンの場合，サイズ，画面の解像度，強度，操作性，手触り，デザインの良さなど多くの品質特性があります。しかし，値段はゆでダコの場合と同様に，付与された特性なので，品質の要素ではありますが品質特性ではありません。たくさんある品質要素のうちで，品質の評価対象となるものが**品質特性**です。

また，顧客が実際に使用したときの品質を**使用品質**といい，実際に使用したときの特性を**真の特性**，又は**実用特性**といいます。

スマートフォンのサイズや画面解像度などは，定量的な（数字で表される）品質特性です。しかし，強度に関する特性などは，製品を破壊して検査しないと計測できない場合があります。このようなときには，製品の表面の硬度など，強度と相関があると認められる特性を計測して推定することになります。このとき，代用となる表面の硬度を**代用特性**といい，強度という品質特性の代わりに用います。

また，操作性や手触りなども，定性的な（数値では表せない）感覚的な特性です。これらを**官能特性**といい，その品質を**感性品質**といいます。このような品質特性を評価する場合は，人間の感覚を利用する検査である官能検査を行います。官能検査による特性も代用特性に含まれます。

1 品質保証とはなにか

品質保証は，前述のように JIS Q 9000:2015 で次のように定義されています。

> **品質保証**（quality assurance）
> 品質要求事項が満たされるという確信を与えることに焦点を合わせた品質マネジメントの一部。

品質保証も，品質管理と同様に品質マネジメントシステムの一部ですが，品質管理が「品質要求事項を満たすこと」を主眼としているのに対し，品質保証では「品質要求事項が満たされているという確信を与えること」を中心に置いています。確信を与える相手は主として顧客や社会全体であり，保証の対象となるのは製品やサービスです。

保証とは確かであると請け合うことですが，法律上では何かを保証することは，その何かによる損害が生じた場合に賠償の責任を負うという意味にもなります。保証の同音異義語に**補償**と保障があります。補償は損害などを金銭等で償うことで，賠償に近い意味があります。保障とは害が及ばないよう保護することです。

多くの製品には製造者（メーカー）による**保証期間**があります。たとえば買ったテレビが通常の使用状態で期間内に壊れたら，製造者は無償で修理すると保証するものです。では，その期間が過ぎれば，すべての保証が終わりになるかというとそうではありません。製造者が引き渡してから 10 年以内にテレビが爆発して被害が発生し，その原因が欠陥によるものであれば，製造者は損害を償わなくてはなりません。これは**製造物責任法**（英語の製造物責任 Product Liability から **PL法**とも呼ばれる）で定められています。製造者が引き渡した「製造物の欠陥により人の生命，身体又は財産について被害が生じた場合」の製造者による損害賠償責任を規定した法律のことです。

製造物による事故を未然に防ぐ対策を**製造物責任予防**（product liability prevention：**PLP**）といい，事故後の製造者側の損害を最小限にする対策を**製

造物責任防御（product liability defense：**PLD**）といいます。製造者は製造物責任による問題を生じさせないために，これらの対策を徹底しておかなくてはなりません。

さらに，製品の使用期間の終了後も，**環境配慮**や資源保護の観点から，廃棄・再利用・再生に至るまでの品質が要求されるようになってきました。たとえば，顧客満足がきわめて高くて売れ行きがよく，製造者に大きな利益をもたらしても，排気ガスの質が悪く，環境負荷が大きい自動車は現在では販売できません。製造者と顧客以外の社会全体にとっての質，つまり**社会的品質**が低い製品ではだめなのです。

最終段階までの品質保証を実現するには，最初の企画や開発・設計段階からのマネジメントが必要です。すなわち**製品ライフサイクル全体**での**品質保証**の時代になってきたわけです。

品質保証に失敗すると，賠償などのペナルティー，さらには社会的信用の失墜や企業の存続の危機に直結します。保証という言葉には，非常に重い意味が込められているとがわかると思います。

2 品質保証体系

顧客にとっては，製品やサービスを安心して購入でき，満足して使用しつづけられるという点が大事なので，消費者側が求める保証とは**結果の保証**にほかなりません。つまり，検査に合格した良品を購入でき，その後も適切なアフターサービスを受けられればよいわけです。

しかし，生産する側にとっては「品質は工程で作る」の言葉のとおり，それぞれの工程で品質を作っていくトータルな保証体制が必要です。検査をいくら行っても，工程（プロセス）のいずれかに問題があり，**歩留まり率**（全体に適合品が占める割合）が低くなっては大問題だからです。つまり，企業，製造者にとっての品質保証とは，開発段階から生産段階，販売・サービス段階にいたるまでの**プロセスによる品質保証**にほかなりません。

それぞれの工程で不具合や誤りの発生を防止し，後工程に不適合品が流れないようにする手法に **QAネットワーク**（quality assurance network；**保証の網**）

があります。品質のチェック項目に重要度に応じて数段階の優先順位をつけ,工程内で効率よく品質保証を行おうとするものです。

体系的な品質保証活動のためには,それぞれのステップでの担当部門と保証活動の内容を明確にし,部門間で整合性のある協働体制がとれるようなマネジメントシステムを構築する必要があります。

それを一覧にしたものが**品質保証体系図**です。日本の企業では以前から用いられてきたもので,次に単純化した例を一つ挙げておきます。実際の企業の品質保証体系図は,インターネットで画像検索することで,様々なタイプのものを見ることができます。

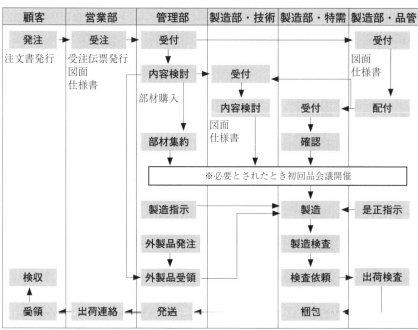

品質保証体系図の例

3 品質機能展開

品質機能展開とは,マネジメントシステムの方法論の一つです。もともとは日本で生みだされたものですが,アメリカの自動車業界で活用されるようにな

り，日本では逆輸入されて広まりました。

JIS Q 9025：2003「マネジメントのパフォーマンス改善—品質機能展開の指針」では次のように定義されています。

> **品質機能展開**（quality function deployment：**QFD**）
> 製品に対する品質目標を実現するために，様々な変換及び展開を用いる方法論。QFDと略記することがある。

ここで**変換**（transformation）とは「要素を，次元の異なる要素に，対応関係をつけて置き換える操作」であり，**展開**（deployment）とは「要素を，順次変換の繰り返しによって，必要とする特性を定める操作」であるとされています。

品質機能展開の概要（JIS Q 9025：2003 より）

品質展開 quality deployment	要求品質を品質特性に変換し，製品の設計品質を定め，各機能部品，個々の構成部品の品質，及び工程の要素に展開する方法。
技術展開 engineering deployment	設計品質を実現する機能が，現状考えられる機構で達成できるか検討し，**ボトルネック技術**（bottle neck engineering：BNE）を抽出する方法。また，企業が保有する技術自体を展開することを技術展開と呼ぶことがある（ボトルネック技術とは，製品を開発・改善する上で，解決しておかなければならない，決め手となる技術）。
コスト展開 cost deployment	目標コストを要求品質又は機能に応じて配分することによって，コスト低減又はコスト上の問題点を抽出する方法。
信頼性展開 reliability deployment	要求品質に対し，信頼性上の保証項目を明確化する方法（品質展開がポジティブな要求品質の展開であるのに対して，ネガティブな故障などの予防に関して信頼性手法を活用し，設計段階でこの故障を予防する）。
業務機能展開 job function deployment	品質を形成する業務を階層的に分析して明確化する方法。

いずれも難しい定義ですが，大まかにいうと，顧客から寄せられた様々な要望（**顧客の声** voice of customer：**VOC**）を，コストや技術的な観点から整理し，製品として可能となるような情報に置き換えることが「変換」であり，変換を繰り返しながら要求される真の品質を明確化していくことが「展開」だといえるでしょう。

つまり変換と展開によって，顧客の要求品質を技術的に記述可能な品質特性にしていくわけです。

品質機能展開とは，68ページの表にある5種の展開の総称とされています。各々の定義を知ることで，品質機能展開の概要を把握してください。

DR，FTA，FMEA，リスクアセスメント

設計・開発の段階で大切なことは，要求事項を満たしつつも，起こりうるトラブルを予測して未然に防ぐことです。そのために有効なのが **DR**（design review）です。

design（デザイン）とは設計のことですが，review（レビュー）にはあまり適切な日本語訳がないので，しばしばカタカナのまま使われています。その定義は JIS Q 9000：2015 では次のようになっています。

> **レビュー**（review）
> 　設定された目標を達成するための対象の**適切性**，**妥当性**又は**有効性**の確定。
> 　注記　レビューには，**効率**の判定を含むこともある。

開発段階で行われる**レビュー**では，設計が要求事項を満たせるかどうかを多数の目で見て，確認と見直しを行います。レビューの参加者は，問題点を明確にして，必要な処置を提言して，それを設計や試作品にフィードバックするわけです。

ただし，DR だけでは設計が適切であるかどうかを保証できないので，好ましくない事象を発生させないための手法である **FTA** や，設計の不具合や潜在

的な欠点を見い出すための手法である **FMEA** も用います。

FTA と FMEA は，JIS Z 8115：2000 では次のように定義されています。

> **FTA**（fault tree analysis：フォールトの木解析）
> 　下位アイテム又は外部事象，若しくはこれらの組合せのフォールトモードのいずれが，定められたフォールトモードを発生させ得るかを決めるための，フォールトの木形式で表された解析（フォールトの木とは，下位アイテムのフォールトモード，外部事象又はこれらの組合せのいずれかが，アイテムに与えられたフォールトモードを発生させることを示す論理図）。

> **FMEA**（fault mode and effect analysis：フォールトモード・影響解析）
> 　あるアイテムにおいて，各下位アイテムに存在し得るフォールトモードの調査，並びにその他の下位アイテム及び元のアイテム，さらに，上位のアイテムの要求機能に対するフォールトモードの影響の決定を含む定性的な信頼性解析手法。

どちらも難しい定義ですが，このような言葉があることと，その手法の目的について知っておいてください。

また，製品の企画・設計段階でなすべき安全への取り組みとして，**リスクアセスメント**（risk assessment）があります。製品の使用される状況を予測し明確化して，危険の特定，見積り，評価を行い，対策を設計に取り込んでリスクの軽減を図ろうとするものです。

リスクとは，JIS Q 31000 の「リスクマネジメント―原則及び指針」によると「目的に対する不確かさの影響」です。

リスクによる損失を最小にするために企業などの組織を指揮統制する活動を**リスクマネジメント**（risk management）といいます。

リスクアセスメントは，リスクマネジメントの中核となるものです。品質マネジメントとリスクマネジメントには密接なつながりがあります。

5 製品安全と苦情対応

　製品の製造後も，製造者による品質保証は社会的要求として継続します。製造物責任については前に述べましたが，アフターサービスも含めた**製品安全**（product safety：**PS**）も求められるようになってきました。

　ISO/IEC Guide 51 では，安全（safety）とは「受容できないリスクがないこと」とされています。ここでいうリスクとは「危害の発生確率及びその危害の程度の組み合わせ」と定義されおり，リスクマネジメントにおけるリスクの定義とは異なります。

　そのための法律が，製品安全4法（消費生活用製品安全法，電気用品安全法，ガス事業法，液化石油ガスの保安の確保及び取引の適正化に関する法律）です。

　以前，ガス瞬間湯沸かし器の事故が社会問題になりましたが，その後，消費生活用製品安全法は改正され，より規制が細やかになりました。

　たとえば，エアコンやブラウン管方式テレビなど5品目については，長期使用製品安全表示制度が定められ，製造年と設計上の標準使用期間を表示し，経年劣化による発火・けが等の事故に至る恐れがあることを表示することになっています。

　また，ライターのように危険の生じやすい特定の製品は，所定の安全基準に達していることを示すPSCマークがついていないと販売できないようになっています。

　ただし，法律があるからといっても，それを守っているというだけでは製品から生じうる損失を減らす対策として十分ではありません。前述のリスクアセスメントのような自主的な取り組みが必要になっています。

　また，製品が市場に出た後に大切になるのがトラブル対応です。トラブル発生はしばしば苦情から発覚します。

　JIS Q 10002：2005 は「品質マネジメント―顧客満足―組織における苦情対応のための指針」を規定したものです。

　苦情を次のように定義しています（JIS Q 10002：2005）。

> **苦情**（complaint）
> 製品又は苦情対応プロセスに関して，組織に対する不満足の表現で，その対応又は解決が，明示的又は暗示的に期待されているもの。

　英語では，不満と苦情に同じ complaint という単語を使いますが，日本語では顧客が不満を心に抱いても，それを表現して伝えないと苦情という言葉になりません。

　クレーム（claim）という言葉も日本でよく使われますが，これは「正当な権利であると主張」することが本来の意味であり，苦情とは異なる概念です。何にでも文句をつける人をクレーマーと呼ぶことがありますが，英語にはない言葉です。

　クレームとは，本来は権利関係や賠償要求につながる概念であり，苦情よりも重い意味があることに注意してください。

　JIS Q 10002 : 2005 によると，苦情対応（complaints handling）の基本原則は 73 ページの表のようになっています。

苦情対応の基本原則 (JIS Q 10002：2005 より)

公開性	苦情申し出方法及び申し出先についての情報は，顧客，要員及びその他の利害関係者に広く公開することが望ましい。
アクセスの容易性	苦情対応プロセスは，すべての苦情申出者が容易にアクセスできることが望ましい。 苦情の申し出及び解決の詳細についての情報を入手できるようにすることが望ましい。 苦情対応プロセス及びサポート情報は分かりやすく，使いやすいことが望ましい。
応答性	苦情の受理は，その旨を直ちに苦情申出者に通知することが望ましい。
	苦情は，その緊急度に応じて迅速に対処することが望ましい。たとえば，重大な健康及び安全問題は，直ちに対応することが望ましい。
	苦情申出者には，丁寧な対応をし，苦情対応プロセスにおける苦情対応の進ちょく状況を，適時知らせることが望ましい。
客観性	苦情はそれぞれ，苦情対応プロセス全体を通じて，公平で，客観的，かつ，偏見のない態度で対応することが望ましい。
料　金	苦情対応プロセスへアクセスするときは，苦情申出者に対して，料金を請求しないことが望ましい。
機密保持	苦情申出者個人を特定できる情報は，組織内での苦情対応の目的に限り，必要なところで利用可能とすることが望ましい。
	また，顧客又は苦情申出者が，その公開について明確に同意していない限り，この情報を公開しないように，積極的に保護することが望ましい。
顧客重視のアプローチ	組織は，顧客重視のアプローチを適用し，苦情を含めたフィードバックを積極的に受け入れ，自らの行動によって，苦情の解決についてのコミットメントを示すことが望ましい。
説明責任	組織は，苦情対応に関する組織の対応並びに決定についての説明責任及び報告の実行について，明確に確立することが望ましい。
継続的改善	苦情対応プロセス及び製品品質の継続的改善は，組織の永続的な目的であることが望ましい。

第5章 プロセス管理

●第5章 プロセス管理

1 プロセスの定義と考え方

前にも述べましたが，JIS Q 9000：2015 の定義では，プロセスとは「インプットをアウトプットに変換する，相互に関連する又は相互に作用する一連の活動」となっており，「プロセスの結果」が製品であるとされています。さらに，プロセスの定義の注記2に「組織内のプロセスは，価値を付加するために，通常，管理された条件のもとで計画され，実行される」とあります。

そうなると，製造工程以外にも，組織内のプロセスには様々なものがあることになります。「プロセス及び製品に関する用語」で，「プロジェクト」と「設計・開発」の定義を見てみましょう（JIS Q 9000：2015）。

> **プロジェクト**（project）
> 開始日及び終了日をもち，調整され，管理された一連の活動からなり，時間，コスト及び資源の制約を含む特定の要求事項に適合する目標を達成するために実施される特有のプロセス。

> **設計・開発**（design and development）
> 対象に対する要求事項を，製品，プロセス又はシステムの，規定された特性又は仕様書に変換する一連のプロセス。

いずれもわかりやすい定義ではありませんが，何かを目的とする社内プロジェクトも，設計・開発もプロセスであり，設計・開発の一連のプロセスには，要求事項をプロセスの仕様書に変換することも含まれていることになります。

プロセスと似た言葉に**手順**（procedure）がありますが，こちらは「活動又はプロセスを実行するために規定された方法」と定義されており，意味的にはかなり小さな概念といえるでしょう。

品質マネジメントシステムの基本に，「顧客のニーズ及び期待は変化し，かつ，競争と技術の進歩があるので，組織には製品及びプロセスを継続的に改善

●第5章 プロセス管理

することが求められる」とあります。また、品質マネジメントシステムを構築し、実施するためのアプローチとして、「顧客に受け入れられる製品を作り出すのに大きく影響するプロセスを明らかにし、これらのプロセスを管理し続けることを奨励する」とあります。

プロセス重視の考え方は、ここにもよく表れています。さらに、個々のプロセスだけでなく、プロセス間の相互作用に注目するプロセスアプローチも、前述の通り重視されています。

2 工程管理の基本的な方法

工程の管理や改善に先立って行うべきものに**工程解析**（process analysis）があります。工程における結果（特性）と原因（要因）の**因果関係**を明らかにするためのもので、解析にはQC七つ道具をはじめとする統計的手法を用います。

製造にあたって、一連のプロセス（工程）を管理するために利用されているのが **QC 工程表**（**QC 工程図**）です。

これは、原材料の受け入れから製品が出荷されるまでのプロセスにそって、それぞれのプロセスの手順、5W1H（**だれが、いつ、どこで、なにを、なぜ、どのようにして**）行うか、管理項目（点検項目）、管理の方法を一覧にしたものです。

QC 工程表（図）の例を挙げてみます。特に形式が定められているわけではなく、それぞれの企業で独自に工夫されたものが使われています。

	QC工程表				年　月　作成者			
No.	フローチャート		工程名	作業指図書	管理項目（点検項目）	検査項目	検査方法	備考
	準備工程	本工程						

表のフローチャートと記してある項目の下に，記号と線で表してある図が載っていますが，これを**工程図**といいます。JIS Z 8206：1982 で規定されている工程図記号を用いて，製品を生産する工程を**流れ図（フローチャート）**で示してあります。コンピュータなどの情報処理用流れ図（JIS X 0121：1986）で用いられる記号とはまったく異なるものです。

工程図記号（JIS Z 8206：1982より）

番号	要素工程	記号の名称	記号	意味
1	加工	加工	○	原料，材料，部品又は製品の形状，性質に変化を与える過程を表す。
2	運搬	運搬	○	原料，材料，部品又は製品の位置に変化を与える過程を表す。
3	停滞	貯蔵	▽	原料，材料，部品又は製品を計画により貯えている過程を表す。
4		滞留	D	原料，材料，部品又は製品が計画に反して滞っている状態を表す。
5	検査	数量検査	□	原料，材料，部品又は製品の量又は個数を測って，その結果を基準と比較して差異を知る過程を表す。
6		品質検査	◇	原料，材料，部品又は製品の品質特性を試験し，その結果を基準と比較してロットの合格，不合格，又は製品の良，不良を判定する過程を表す。

作業標準書は，**作業標準**を記したものです。JIS Z 8002：2006 の付属書に作業標準の定義が載っています。

作業標準
　作業の目的，作業条件（使用材料，設備・器具，作業環境など），作業方法（安全の確保を含む。），作業結果の確認方法（品質，数量の自己点検など）などを示した標準。

QC工程表が製造全般にわたるプロセスに関するものであるのに対し，作業標準書はそれぞれの作業者が業務を行うためのマニュアルにあたるものです。作業標準書にも，わかりやすく手順を示すためにフローチャートがしばしば用いられます。

　工程の状態は常に把握しておく必要があります。第2部第6章で説明する工程能力指数などの指標を用いて**工程能力調査**を行い，工程能力が十分に保たれているか確認します。

　工程で何らかの異常（**工程異常**）が発見された場合の処置についても標準が必要です。責任と権限の範囲を明確にしておき，責任者に対する異常の報告に始まり，是正処置と予防処置を含む再発防止処置を行い，処置の結果を検証する証拠として記録に残すまでの手順を，あらかじめ定めておかなくてはなりません。標準があれば突発的な問題に対処できるはずです。
「想定外」の事態に陥ったとすれば，それは管理の不足にほかなりません。

　また，責任に問われることを恐れて，異常を隠蔽したり，標準に合わない勝手な処置を行ったりしてはいけません。法令を順守することを**コンプライアンス**といいますが，これを守らないと企業の存続をも脅かします。

　期限切れの原材料を使った食品が問題になったときには，企業が社会からはげしく非難され，業績が大幅に悪化しました。企業は常にリスク予防と危機管理に努めていますが，**法令順守**はその第一の要件です。

第6章 問題解決

1 問題解決と課題達成

JIS Q 9024：2003 によると，「問題」と「課題」の定義は次のようになっています。

> **問題**（oblem）
> 設定してある目標と現実との，対策して克服する必要のあるギャップ。

> **課題**（issue）
> 設定しようとする目標と現実との，対処を必要とするギャップ。

一見するとよく似ていますが，「問題」の場合は，現状と目標や理想との差に，原因があることを前提にしています。このため問題解決の定義では，次のように「原因を特定」という文言が使われています。

> **問題解決**（problem solving）
> 問題に対して，原因を特定し，対策し，確認し，所要の処置をとる活動。

一方，「課題」には原因がありません。このため課題は解決するものではなく，達成するものであるとして，次のような定義になっています。

> **課題達成**（issue achieving）
> 課題に対して，努力，技能をもって達成する活動。

問題解決と**課題達成**は，**継続的改善**（continual improvement）の両輪です。「問題又は課題を特定し，問題解決又は課題達成を繰り返し行う」ことで，新たな目標や理想を設定しながら改善を進めていきます。その際には，「何のためにやるのか」という目的を常に明確にしなくてはなりません。続いて「どうやっ

てやるのか」という合理的手段を明確にしていきます。このように目的と合理的手段の追究を繰り返しつつ，究極の目的に迫ろうとする考え方を**目的志向**といいます。

 問題解決型 QC ストーリーの進め方

問題を解決する方法として，まず考えられるものに，過去の問題解決の実例に学ぶやり方があります。もともと QC ストーリーは，問題解決の実例を報告するために，ステップを踏んだストーリー（筋立て）にし，わかりやすく構成したものでした。

その方法を新しい問題の解決に応用したものが**問題解決型 QC ストーリー**で，**QC 的問題解決法**，**QC 的問題解決ステップ**とも呼ばれています。

通常，QC ストーリーといえば問題解決型を指しますが，**課題達成型 QC ストーリー**もあります。両者のステップには，次のような違いがあります。

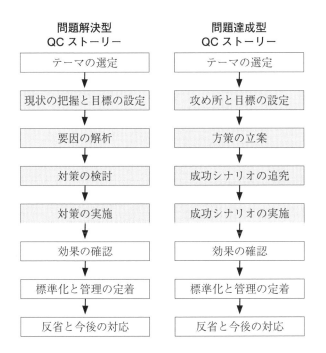

テーマを選定したら，そのテーマが問題解決型か課題達成型かを判断してストーリーを選定します。その後，それぞれのステップを踏んでいき，効果の確認以降は，両者はまた同様のステップになります。流れ図にしてまとめておきましょう。

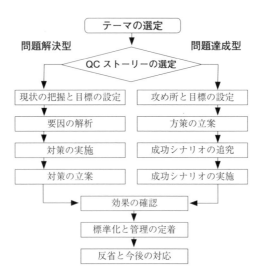

3 QC的問題解決ステップと留意点

　それでは，QC的問題解決ステップのそれぞれを細かく見ていきましょう。どのステップでも，QC七つ道具が有用な道具として活用できます。

ステップ1——テーマの選定
　問題点を洗い出し，解決可能で重要なものをテーマにします。このとき，組織の意向を確認し，関係者の意見を集約しておきます。このときに有効なのが**ブレーン・ストーミング**です。ブレーン・ストーミングは，参加者全員が他の意見を批判することなく，自由に意見を出し合って話し合う方法です。

ステップ2——現状の把握と目標の設定
　現状を数値化して把握し，目標もできるだけ数値化します。問題解決までの

期限も決めておきます。

ステップ3――要因の解析
様々な仮説を立てて検証しつつ，要因を絞り込みます。その際，ブレーン・ストーミングや，「なぜ」を繰り返して自問自答しながら原因を追究する**なぜなぜ分析**が有効な手法となります。

ステップ4――対策の検討
把握できた原因に対処するための対策を考え，実行計画を立てます。

ステップ5――対策の実施
期限に気を配りながら，粘り強く対策を実施します。

ステップ6――効果の確認
目標とした数値を達成しているか確認します。不十分な場合は，要因の解析のステップからやり直します。

ステップ7――標準化と管理の定着
効果の認められた対策を標準化します。新しい標準を周囲に周知させ，日常管理に組み込んで定着させます。この時点で問題の原因は除去しているはずなので，問題の再発を防止する**歯止め**をしたともいえるステップです。

ステップ8――反省と今後の対応
問題解決に至った活動が適切だったかどうかを評価し，活動状況と評価を記録に残します。次に取り組むべき問題や課題を検討します。

第7章 検査および試験

●第7章 検査および試験

1 検査の定義と基本的な考え方

検査には，様々な定義があります。「ISO/IEC Guide 2：2004」では次のようになっています。

> **検査**（inspection）
> 　必要に応じて測定，試験又はゲージ合せを伴う，観察及び判定による総合性評価。

かなり難解だと思いますので，一番後ろの文言から見ていきましょう。まず**総合性評価**（conformity evaluation）ですが，全体として適合しているかどうかを評価するという意味です。その評価は，**観察**（observation）と**判定**（judgement）によって行われます。観察と判定の手段となるのが，**測定**（measurement），**試験**（test），**ゲージ合わせ**（gauging）であるということです。

測定とは「ある量を，基準として用いる量と比較し数値又は符号を用いて表すこと」（JIS Z 8103：2000）です。

試験とは「アイテムの特性又は性質を測定，定量化，又は分類するために行われる実験」（JIS Z 8115：2000）です。

検査と試験を混同してはいけません。

ゲージング（gauging）には，測定器の目盛を定める「目盛定め」の意味もありますが，ここでは測定器具を用い，基準に則って計量することです。計量するのは，長さ，時間，質量，電流などの様々な量です。

もう一つの「検査」の定義は，「JIS Z 8101-2：1999 統計—用語と記号—第2部：統計的品質管理用語」にあります。

> 　品物又はサービスの一つ以上の特性値に対して，測定，試験，検定，ゲージ合わせなどを行って，規定要求事項と比較して，適合しているかどうかを判定する活動。

こちらは比較的わかりやすいと思います。「検定」の意味ですが，何らかの方法で合否や等級を決めることです。たとえば「QC検定3級」の場合ですが，試験という方法によって，QC3級の実力があるかどうか（合否）を決めるわけです。

検査と試験は，ともに品質マネジメントの分野では，確定（determination）に関する用語とされています。確定する際には，この二つ以外にも使われる概念がいくつかあります。それらの関連を図にまとめたものをJIS Q 9000：2015に従って以下に示します。

確定に関する概念（JIS Q 9000：2015 を一部改変）

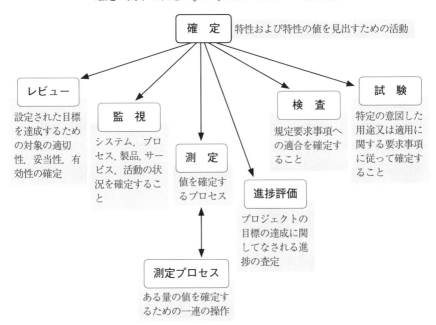

2 測定の基本

測定の定義は前項で述べました。ほかにも計測や計量など似た言葉がありますが，品質管理においては，いずれも検査のために物事を量的に「はかる」ことをいいます。

この「はかる」という言葉には 3 種類の漢字があてられますが，あまり厳密な区別はないようです。何を対象にして「はかる」のか，使いわけを例示してみましょう。

測 る	長さ，面積，深さ，温度など
量 る	重さ，容量など
計 る	時間など

　では，量とは何でしょう。JIS Z 8103：2000 では次のようになっています。

量（quantity）
　現象，物体又は物質の持つ属性で，定性的に区別でき，かつ，定量的に決定できるもの。

　代表的な量が物理量（physical quantity）です。高校の物理で習うモル数，加速度，エネルギー，電圧などはすべて物理量です。物理量は**国際単位系（SI）**の七つの**基本単位（基本量）**と，それらを組み合わせた**組立単位（組立量）**で表すことができます。

国際単位系

	量	時間	長さ	質量	電流	熱力学温度	物質量	光度
基本単位	名称	秒	メートル	キログラム	アンペア	ケルビン	モル	カンデラ
	記号	s	m	kg	A	K	mol	cd

　たとえばエネルギーは，基本単位を使った演算により，質量 (kg)×長さ (m)×長さ (m)÷時間 (s)÷時間 (s) として表せる組立単位です。また電圧も，エネルギー÷時間 (s)÷電流 (A) で表せるので組立単位です。

　長さの基本単位はメートル (m) ですが，長大なものや微細な長さの場合には，SI 接頭辞をつけ，km や μm などと表します。「k」は千，「μ」は百万分の 1 の意味です。1 μm とは百万分の 1 メートルにあたり，1 マイクロメートルと読みます。以前は同じ長さを μ（ミクロン）と呼ぶこともありましたが，現在

では計量法で禁じられています。

測定するには器具が必要です。時計，メジャー，温度計，圧力ゲージをはじめとする様々な器具で基本量や組立量を測定します。これらの器具を総称して**計測器**といいます。

計測するときには，適切な計測器を用いる必要があります。たとえば長さをはかる場合，1mm 単位のものには定規などを，100 μm 単位のものにはノギスなどを，10 μm 単位のものにはマイクロメーターなどを用います。細菌の大きさを定規ではかるのは無理です。

測定には必ず**誤差**（error）が生じます。誤差とは測定値から真の値（true value）を引いた値のことです。たとえば真の値を 1kg として，ぴったり 1kg の質量を測ることのできる器具は存在しません。真の値とは，現実には存在しない観念的な値です。

また，測定器により生じる誤差，測定方法で生じる誤差，測定時の環境で生じる誤差を**測定誤差**といいます。計測の管理は，計測器の管理と計測作業の管理に大別できますが，いずれにも基準を設けて，誤差を小さくするよう努めなくてはなりません。

測定による検査を行う場合，全品検査が困難なことがあります。そのときは，まんべんなくサンプル（試料）を選んで，統計的な手法で適合しているかどうかを判断します。そのようにして測定する場合，様々な種類の測定誤差が新たに生じます。それらを評価する用語をまとめてみましょう。

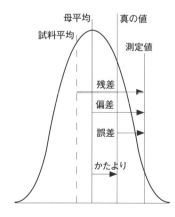

かたより	測定値の母平均（同一条件で測定を無限に繰り返したと考えた場合の平均値のこと）から真の値を引いた値。
ばらつき	測定値の値がそろっていないこと。
正確さ	かたよりの小さい程度。
精密さ	ばらつきの小さい程度。
偏　差	測定値から母平均を引いた値。
残　差	測定値からサンプルの平均を引いた値。
まちがい	測定者が気づかずにおかした誤り，又はその結果の測定値。

（JIS Z 8103：2000 より）

3 検査の種類と方法

検査には様々なものがありますが，大きく3種類に分類できます。一つ目はどの段階で行うかによる分類，二つ目は何を対象とするかによる分類，三つ目がどのように行うかによる分類です。

まずは検査をどの段階で行うかです。
購入検査は，品物を購入する際に基準に達しているかどうかの可否を判定する検査です。品物を受け入れるかどうかを判定する検査は**受入検査**といいます。購入検査や受入検査では，受入側は供給側が行った検査結果を確認して，測定や試験を省略する場合があります。これは間接的に検査を確認することなので，**間接検査**と呼ばれています。

工程内検査（**工程間検査・中間検査**）は，あるプロセスにある品物を次のプロセスに移動してよいかを判定する検査です。**最終検査**は，完成した製品が要求事項を満たしているかどうかを判定する検査です。**出荷検査**は，製品を出荷するさいの検査です。完成した製品をすぐに出荷する場合は，**完成検査**が出荷検査を兼ねます。

次は何を検査の対象とするかです。
全数検査は「製品又はサービスのすべてのアイテムに対して行う検査」で，**抜取検査**は「製品又はサービスのサンプルを用いる検査。全数検査と異なる」とされています（JIS Z 8101-2：1999）。

同一条件下で生産された品物の集合を**ロット**といいますが，全数検査の場合はロット内のすべての品物を検査するので，品物ごとの合否を判定します。抜取検査はサンプルによる検査なので，ロットの合否を判定することになります。抜取検査は，全数検査に比べて時間と手間を省くことができるかわりに，不適合品の混入や，不適合でないものを不合格にしてしまう恐れがあります。

サンプルによる試験も省略する場合があります。品質情報や技術情報に基づいて，実績面でも技術面でも不適合になる恐れがないと判断される場合に採用

されるもので，**無試験検査**と呼ばれています。

　最後はどのように検査を行うかです。
　品物の強度や寿命を調べるために，わざと破壊する検査を**破壊検査**といいます。もちろん全製品を破壊すると販売するものがなくなるので，サンプルをとって行います。
　非破壊検査は，X線や超音波を用いて品物を壊すことなく検査します。検査の設備に費用がかかるかわりに，商品価値を下げないという費用上のメリットもあります。
　官能検査は，前に述べたとおり人間の感覚を用いるものです。醸造試験所（現・酒類総合研究所）で行われていた日本酒の利き酒を官能検査とよんだことから名づけられました。

第8章 標準化

●第8章 標準化

1 標準化の概要

標準化は，ISO/IEC Guide 2：2004 に則った JIS Z 8002：2006「標準化及び関連活動—一般的な用語」において，次のように定義されています。

> **標準化**（standardization）
> 実在の問題又は起こる可能性がある問題に関して，与えられた状況において最適な秩序を得ることを目的として，共通に，かつ，繰り返して使用するための記述事項を確立する活動。

たとえば，ある会社が携帯電話を作っているとします。ところが機種ごとに生産工程や，充電の付属品，操作方法がまるで異なるとしたら，作り手側はスムーズに生産することができないし，顧客側も使いづらいはずです。その状態を放置すれば，複雑化はさらにすすみ，収拾困難な無秩序な状態に陥るかもしれません。

こうして起こる困ったことが「実在の問題又は起こる可能性がある問題」です。そこで「共通に，かつ，繰り返して使用」できるよう取り決めを作る必要があります。取り決めを作る活動が標準化であり，取り決められたものを standard（**規格**又は**標準**）といいます。以前は標準化を「標準を設定し，これを活用する組織的行為」（JIS Z 8001：1981）と定義していました。

規格については，次のような定義がされています。

> **規格**（standard）
> 与えられた状況において最適な秩序を達成することを目的に，共通的に繰り返して使用するために，活動又はその結果に関する規則，指針又は特性を規定する文書であって，合意によって確立し，一般に認められている団体によって承認されているもの。

規格とは「文書」だと書いてありますが，文書とは紙に書かれたものだけを

意味するものではありません。コンピュータ上のデータや図面や仕様書のように，見たり読んだりして情報（意味のあるデータ）が得られるものはすべて文書です。

わが国の工業分野においては，日本工業標準調査会が「一般に認められている団体」にあたります。そこでは前述の国際規格である ISO に外れないよう考慮して審議が行われ，最終的には経済産業大臣が，国内規格の JIS（日本工業規格）の制定や改正を行います。

2 標準化の目的と意義

何を標準化するのか，標準化は何を目的とするのかを JIS Z 8002：2006 から抽出したいと思います。

何を標準化するか，つまり**標準化の主題**（subject of standardization）となるものは，大まかにいえば「**製品，プロセス又はサービス**」であり，細かくいうと，「すべての材料，部品，機器，システム，インタフェイス，プロトコル，手順，機能，方法，活動など」となります。

インタフェイスとは，異なるものをつなぐもの，あるいはつなぐことをいいます。たとえば，使いやすいスマートフォンは，ヒトと機器という異質なもの同士のインタフェイスが優れているということです。

プロトコルとは，手続き・手順の決まりのことです。たとえば，医療の現場では症例によってどう加療するか標準が定まっています。これが標準化されたプロトコルの例です。

標準化にどんな利益があるかというと，「製品，プロセス又はサービスが意図した目的に適するように改善されること，貿易上の障害が取り払われること，及び技術協力が促進されること」となっています。

標準化についての規格は，ISO（国際標準化機構）と IEC（国際電気標準会議）が策定した ISO/IEC Guide 2 を，そのまま JIS に移したものです。このため「貿易上の障害が取り払われる」のようなグローバリゼーションを意識した文言が強調されています。

標準化の目標については，JIS Z 8002：2006 に項目があります。製品，プ

ロセス又はサービスを意図した目的に適合させる（**目的適合性**）ための目標 (aims) として，「**多様性の制御**，ユーザビリティ（**使いやすさ**），**両立性**，**互換性**，健康，安全，**環境保護**，**製品保護**，相互理解，経済性，貿易など」という用語を挙げています。それぞれの用語と定義に関する一覧表を掲載します。

用語	定義
目的適合性 (fitness for purpose)	定められた条件の下で，製品，プロセス又はサービスが，所定の目的にかなう能力。
両立性 (compatibility)	定められた条件の下で，複数の製品，プロセス又はサービスが，許容できない相互作用を引き起こすことなく，それぞれの直接関係する要求事項を満たしながら，共に使用できる能力。
互換性 (interchangeability)	ある一つの製品，プロセス又はサービスを別のものに置き換えて用いても，同じ要求事項を満たすことができる能力。 注記　機能からみた互換性を"機能互換性"，寸法からみた互換性を"寸法互換性"という。
多様性の制御 (variety control)	大多数の必要性を満たすように，製品，プロセス又はサービスの種類を最適化すること。 注記　通常，多様性の制御は，種類の削減に関係する。
安　全 (safety)	危害の容認できないリスクがないこと。 注記　標準化では，製品，プロセス及びサービスの安全は，一般に，人及び財産に対する危害の避けることのできるリスクを容認できる程度にまで削減する幾つかの要素の最適な釣り合いをとる，という見地から検討する。これらの要素には，人の行動のような技術以外のものも含まれる。
環境保護 (protection of the environment)	製品，プロセス及びサービスそれ自体及びその運用によって生じる容認できない被害から，環境を守ること。
製品保護 (product protection)	使用中，輸送中又は保管中，気候上の好ましくない条件又はその他の好ましくない条件から製品を守ること。

（出典 JIS Z 8002：2006）

3 社内標準化の目的と意義

標準には，様々なレベルのものが存在します。地理的，政治経済的に最も広範囲のものが**国際標準**です。次いで**地域標準**，**国家標準**，**地区標準**の順に範囲が狭くなります。

また，一般に認められている標準化団体が作成した**デジュール標準**（de jure standard），企業同士が協力して作成した**フォーラム標準**（forum standard 自主調整標準ともいう），事実上の標準として市場で広く使用されている**デファクト標準**（de facto standard）があります。

国家標準や国際標準などに則るのは当然ですが，それぞれの企業も独自に標準を策定する必要があります。社内で行われた改善は，標準化することではじめて定着するからです。また，企業の存続と発展のためには，常に新たな標準を策定していく必要があります。

JIS Z 8002：2006 は，社内標準を「個々の会社内で会社の運営，成果物に関して定めた標準」であるとしており，「通常，社内では強制力をもたせている」ものだとしています。

「運営」に関する標準として，「経営方針，業務所掌規定，就業規則，経理規定，マネジメントの方法」を挙げています。

「成果物」に関する標準として，「製品（サービス及びソフトウェアを含む。），部品，プロセス，作業方法，試験・検査，保管，運搬など」を挙げています。

社内標準化にも，前項の「標準化」と同様の目的と意義がありますが，人を雇用し，製品やサービスを販売する企業としての観点から眺めると，それら以外にも目的と意義が生じます。

1．人材育成と技術の向上・蓄積
2．品質の維持と向上
3．業務の合理化とコストの削減
4．顧客満足と社会への寄与

社内標準化をすることは，業務や製品・サービスに関する規格や規定を社内の全員が共有することです。そのためには教育，訓練，啓蒙活動が不可欠です。教育や訓練には，**新人研修**，業務を行いながら訓練する **OJT**（オン・ザ・ジョブ・トレーニング），業務を離れて訓練をする **OffJT**（オフ・ザ・ジョブ・トレーニング）などがあります。

　前に述べた QC サークル活動も，職場を学びの場とする自主的な活動なので，社内標準化活動の一環といえます。

　国際標準や国家標準は，外部が規定した静的な標準ですが，社内標準化は企業内部で生まれ，常に見直しや改革によって変化するダイナミックな活動です。

第1部 練習問題

第1章 QC的なものの見方・考え方

次の文章の（　）に当てはまる語句を下欄の選択肢から選び，記号で答えなさい。

(1) 顧客のニーズを優先させて，企業が製品の開発と供給をするやり方を（　　　），製造者が自らの技術を先行させ顧客に売り込んでいくやり方を（　　　）という。

(2) 効果的な重点を選択し，集中して改善に取り組むことを（　　　）といい，QC七つ道具の（　　　）がよく利用される。

(3) PDCAサイクルはPlan（計画），Do（実行），（　　　），Act（処置）の手順を繰り返していく。

○選択肢

ア．Control　　イ．パレート図　　ウ．再発防止　　エ．プロセス重視
オ．重点指向　　カ．ヒストグラム　　キ．プロダクトアウト
ク．Check　　ケ．マーケットイン　　コ．後工程はお客様

第2章 管理と改善の進め方

次の文章について，正しいものに○，誤りに×をつけなさい。

(1) 方針管理は企業の経営目的を合理的に具体化していくための活動であるのに対し，日常管理は現場における日常的な取り組みを対象とするものである。（　　　）

(2) 小集団活動は，第一線で働く人々による製品とプロセスの改善を行う小グループであり，QCサークル活動とも呼ばれる。（　　　）

(3) 品質マネジメントにおける管理は，品質改善は行うが，品質保証までは行わない。（　　　）

第3章 品質の概念

次の文章について，正しいものに○，誤りに×をつけなさい。

(1) 品質とは「品物又はサービスが，使用目的を満たしているかどうかを決定するための評価の対象となる固有の性質・性能の全体」とJIS Q 9000：2006で定義されている。（　　）
(2) 製品ができあがった段階での品質を「できばえの品質」，できあがった製品を評価し，ねらい通りできている品質を「ねらいの品質」という。（　　）
(3) 品質特性を測定することが難しいとき，その代わりに用いる特性を代用特性という。（　　）

第4章　品質保証
次の文章の（　　）に当てはまる語句を下欄の選択肢から選び，記号で答えなさい。
(1) 製造物による事故を未然に防ぐ対策を（　　）といい，事故後の製造者側の損害を最小限にする対策を（　　）という。
(2) 製品に対する品質目標を実現するために，様々な変換及び展開を用いる方法を（　　）といい，QFDと略記されることがある。
(3) 設計の不具合や潜在的な欠点を見出すための手法を（　　）（フォールトモード・影響解析）という。

　○選択肢
　ア．製造物責任予防　　イ．技術展開　　　　ウ．FMTA
　エ．製造物予防責任　　オ．品質機能展開　　カ．FMEA
　キ．製造物責任補償　　ク．製造物責任防御　ケ．品質展開
　コ．FTA

第5章　プロセス管理
次の文章について，正しいものに○，誤りに×をつけなさい。
(1) それぞれの作業者が業務を行うためのマニュアルにあたるものをQC工程表という。（　　）
(2) 工程解析は，工程における結果と原因の因果関係を明らかにするためのものである。（　　）

(3) 工程解析には，QC 七つ道具をはじめとする統計的手法を用いる。（　　）

第6章　問題解決
次の文章について，正しいものに○，誤りに×をつけなさい。
(1) 品質管理における問題とは，目標と現実のギャップである。（　　）
(2) QC ストーリーには，問題解決型 QC ストーリーと問題達成型 QC ストーリーがある。（　　）
(3) QC 的問題解決ステップは，どのステップも QC 七つ道具が活用できる。（　　）

第7章　検査および試験
次の文章について，正しいものに○，誤りに×をつけなさい。
(1) 検査には，製品又はサービス全部のアイテムを調べる全数検査とサンプルを用いる抜取検査がある。（　　）
(2) 検査を行う段階は色々あり，製品を出荷する際の検査を最終検査という。（　　）
(3) 製品の重さや寸法（大きさ）を調べるためにわざと破壊する破壊検査を行うことがある。（　　）

第8章　標準化
次の文章について，正しいものに○，誤りに×をつけなさい。
(1) 誰がやっても「共通に，かつ，繰り返して使用」できるよう取り決めを作る活動を標準化という。（　　）
(2) 標準化を行うことで製品，プロセス又はサービスが意図した目的に適するように改善されることや貿易上の障害が取り払われること及び技術協力が促進されることなどの利益がある。（　　）
(3) 社内標準化をすることで，業務や製品・サービスに関する規格や規定を一部の専門家だけで独占できるようになる。（　　）

第1部　練習問題解答

第1章　QC
(1) ケ, キ　(2) オ, イ　(3) ク

第2章　管理と改善の進め方
(1) ○　(2) ○　(3) ×

(3) 品質マネジメントは品質保証までをトータルに管理

第3章　品質の定義
(1) ×　(2) ×　(3) ○

(1) は廃止された JIS Z 8010 の定義　(2) ねらいの品質とは設計品質

第4章　品質保証
(1) ア, ク　(2) オ　(3) カ

第5章　プロセス管理
(1) ×　(2) ○　(3) ○

(1) QC工程表は全工程の管理項目と管理方法とを明らかにしたもの

第6章　問題解決
(1) ○　(2) ×　(3) ○

(2) QCストーリーには問題解決型と課題達成型がある

第7章　検査および試験
(1) ○　(2) ×　(3) ×

(2) 出荷時の検査は出荷検査　(3) 破壊検査は主に強度測定に用いる

第8章　標準化
(1) ○　(2) ○　(3) ×

(3) 社内標準化では組織内の全員が自部門の規格や規定を共有する

第2部
品質管理の手法

第1章 データの取り方・まとめ方

●第1章 データの取り方・まとめ方

●第1章 データの取り方・まとめ方

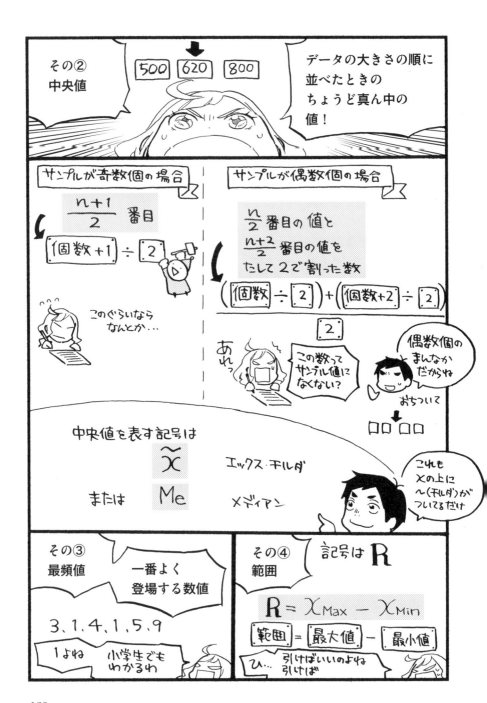

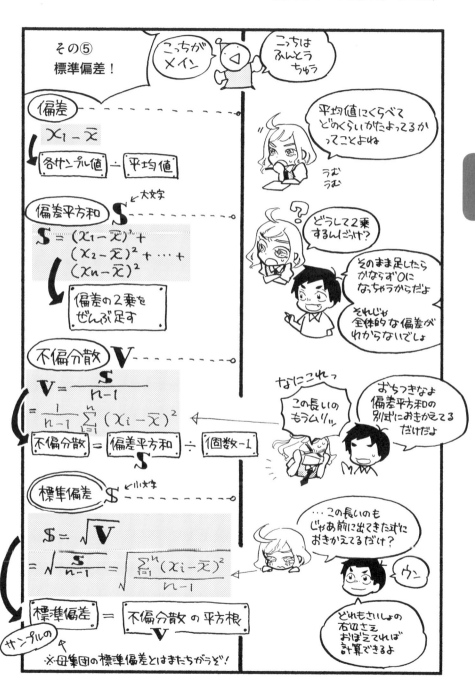

1 データの種類，データの変換

データには，数値で表せる定量データ（quantitative data）と数値で表せない定性データ（qualitative data）があると前に述べました。数値で表せるデータにも，いくつか種類があります。

■計量値

測定器を使って得られる数値データです。どんなに精密な計量を行っても，計量値が真の値を示すことはありません。たとえば，長さを測って3.14159mという値が得られたとしても，真の値は3.141585（m）から3.141595（m）までの数直線上に連続的に存在するどんな値でもありえます。このような値を連続量と呼び，**連続的**（continuous）であるといいます。このため計量値は，常に誤差を考慮する必要があります。

また，計量値を演算して得られる値も計量値になります。たとえば，（食塩の質量）÷（食塩の質量＋水の質量）の百分率（％）で表される食塩水の濃度や，（直線距離）×（仰角の正弦）で表される三角測量における高さも，同様に計量値です。

計量値の例…製品の質量，作業時間，車両の速度など。

■計数値

数え上げて得られる数値データと，そこから四則演算して得られる数値データのことです。たとえば，製品数や不適合品の数は，数え上げることができます。また，不適合品数を製品数で割った不適合品率は，数え上げた数から計算できます。このため，いずれの数値も計数値になります。

計数値は，整数か，分数に置き換えられる循環小数（3.141414…など），とびとびの値をとるため，このような数値を**離散値**と呼び，離散的（discrete）であるといいます。

計数値の例…砂浜の砂の数，不良品率，QC検定の合格率など。

計量値と計数値は，生のデータとしてだけでなく，様々な計算や変換を行って利用しやすいデータに変換します。測定値の桁数を揃えたり，数字の単位を揃えたり，百分率（％）や千分率（‰）で表したりするのも，一種の変換です。128ページ以降で説明する平均値や分散などの統計量も，データから算出するものです。また，指数関数的に変化するデータなどは，かけ算が連続して計算が複雑であるため，扱いやすい足し算になるよう対数をとるなどの変換を行うことがあります。これらの数値データをもとに，**統計的品質管理**（統計的方法を使ったQC活動）が行われます。

しかし，数字で表されるデータであっても，以下のように計算に適さないものもあります。

■**順位データ**

駅伝競走の順位や，テレビ番組の週間視聴率の順位などのことで，データ同士を比較するのに用います。

■**分類データ**

多種類のものを分類する際に，符号（code）として数字を用いるものです。日本産業分類データの分類番号や，書籍の分類コードなどがこれにあたります。

数値で表せないデータには，**言語データ**（language data）があります。新QC七つ道具は，このようなデータを扱うのに適しています。

2 母集団とサンプル

母集団（population）とは『考察の対象となる特性をもつすべてのものの集団』（JIS Z 8101-1：1999）をいいます。たとえば，工場で生産された100万個のネジが規格に合っているか調べたいときは，100万個のネジが母集団となります。

しかし，母集団のすべてのアイテムを検査することは，時間的にも手間的にも，しばしば困難を伴います。そこで，多くの場合，母集団からロットごとに**サンプル**（**標本** sample）をいくつか選んで検査をします。

サンプルを選ぶ行為を**サンプリング**（sampling）といいます。サンプルをもとに母集団の状態を調べるときに用いるのが**統計的方法**です。

現在までに製造された製品には数に限りがあるので，完成品の母集団は有限です。このような母集団を**有限母集団**といいます。

反対に，数に限りのない母集団を**無限母集団**といいます。工程を母集団とする場合ですが，将来にわたってずっと製品を産み出し続けるものを対象としているので，無限母集団になります。

母集団のアイテムの数を**母集団の大きさ**（size of population）といい，通常は記号 N で表します。サンプルのアイテムの数を**サンプルサイズ**（sample size），又は**サンプルの大きさ**といい，通常は記号 n で表します。

母数と統計量の関係

3 サンプリングと誤差

サンプルによる検査では，サンプルが母集団の特性を正しく代表するように，偏りなくサンプリングすることが必要です。そのための方法が**ランダムサンプリング**（**無作為標本抽出**）です。ランダムサンプル（無作為標本）は，JIS Z 8101-2：1999で次のように定義されています。

無限母集団又は復元サンプリングの場合には，独立で同一な分布からの確率変数によって構成されるサンプル。有限母集団からの非復元サンプリングの場合には，母集団を構成するどのサンプリング単位についても，サンプルに取られる確率が0でないようにして得られたサンプル。この確率はサンプリングの前に値が定まっていなければならない。

　かなり難しい定義ですが，要は「サンプルに取られる確率が0でない」ようにまんべんなくランダムにサンプリングした標本だということです。無作為に抽出するためには，くじ引きや乱数サイ（正20面体のサイコロ）などが利用されます。
　無作為の反対語が作為で，何かしらの意図を持ってサンプリングすることは許されません。
　母集団全体からランダムサンプリングすることを**単純無作為サンプリング**といいます。
　また，母集団を何かの基準でグループ分けしてサンプリングすることがあります。QC検定2級の出題範囲になりますが，層別サンプリング，系統サンプリング，集落サンプリング，2段サンプリングなどです。
　しかし，どんなサンプリングであっても，ランダムに標本を選ぶという手順が必ず含まれています。
　標本による検査では，標本を観測して得られる量（**統計量**）に基づき，母集団の特性を推定することになります。しかし，すべての要素を調べる場合と異なり，取った標本によって統計量が違ってくるのは当たり前のことです。
　このときの「サンプリングに起因する推定量（推定される量）の誤差」(JIS Z 8101-1：1999)のことを**サンプリング誤差** (sampling error) といいます。サンプリング誤差は，サンプリングに問題がなくても生じます。
　誤差にはほかに「測定結果に偏りを与える原因によって生じる誤差」である**系統誤差**（systematic error）や，「突き止められない原因によって起こり，測定値のばらつきとなって現れる誤差」である**偶然誤差** (random error) などがあります（JIS Z 8103：2000）。

4 基本統計量とその計算方法

サンプルから得られる基本的な統計量には，次のようなものがあります。

■平均値（mean）

n 個のサンプルの値（データ）$x_1, x_2, ..., x_n$ があるとき，すべての値を加えて，n で割った値を平均値といいます。通常は記号で $\bar{x}$ で表し，エックス・バーと読みます。ただし，標本ではなく，母集団の場合の平均値は，通常は記号 μ で表し，ミューと読みます。

$$\bar{x} = \frac{x_1 + x_2 + \cdots + x_n}{n}$$

たとえば，100点満点のテストで，クラスの中の5人の得点が，45，67，80，90，31点だった場合，平均値 $\bar{x}$ は，

$$(45 + 67 + 80 + 90 + 31) \div 5 = 62.6$$

で，62.6が平均得点となります。

■中央値 (median)

n 個の値 $x_1, x_2, ..., x_n$ を大きさの順に並べたとき，真ん中に位置する値を中央値（メディアン）といいます。n が奇数なら，大きい方（小さい方）から $(n+1) \div 2$ 番目の値になります。n が偶数なら，大きい方（小さい方）から $n \div 2$ 番目と $(n+2) \div 2$ 番目の値を加えて2で割った数値になります。中央値を表す記号は Me 又は $\tilde{x}$（エックス・チルダ）を用います。

たとえば，順番に並べて2，4，6，8，10という奇数個（5個）の値がある場合は，$(5+1) \div 2 = 3$ で，3番目の値である6が中央値 $\tilde{x}$ になります。また，順番に並べて12，14，16，18，20，22という偶数個（6個）の値がある場合には，$6 \div 2 = 3$ 番目と $(6+2) \div 2 = 4$ 番目にあたる16と18を加えて2で割った17が中央値 $\tilde{x}$ になります。

平均的な給料などという場合には，平均値ではなく中央値のほうが代表値と

して優れています。たとえば給料10万円前後の人が99人と，給料4000万円の人が一人いる場合には，中央値ならやはり10万円前後のままですが，平均値だと約50万円にもなってしまいます。下限が決まっていて，上限に限りがないものについての代表値に関しては，注意が必要です。

■最頻値（mode）

n個の計数値$x_1, x_2, …, x_n$があるとき，最も頻繁に現れる値を最頻値といいます。

たとえば，3，1，4，1，5，9という6個の計数値がある場合，複数個ある値は1のみなので，最頻値は1になります。

■範囲（range）

複数のデータがあるとき，データの最大値x_{Max}から最小値x_{Min}を引いた値を範囲といいます。通常は記号Rで表します。

$$R = x_{Max} - x_{Min}$$

■標準偏差（standard deviation）

偏差（deviation）とは，それぞれの値$x_1, x_2, …, x_n$から標本の平均値$\bar{x}$を引いた値のことです。

$$x_1 - \bar{x},\ x_2 - \bar{x},\ …,\ x_n - \bar{x}$$

n個の値があれば，n個の偏差が生じます。偏差の単位は値と同じになります。偏差は，それぞれの値が平均からどれほど離れているかを知るためのものですが，

$$x_1 + x_2 + … + x_n = n\bar{x}$$

なので，偏差をすべて合計しても，

$$(x_1 - \bar{x}) + (x_2 - \bar{x}) + … + (x_n - \bar{x}) = 0$$

になり，全体としてデータを見たときの平均からのばらつき具合は見えてきません。そこで，それぞれの偏差を2乗したものの合計を考えます。

$$(x_1-\bar{x})^2+(x_2-\bar{x})^2+\cdots+(x_n-\bar{x})^2$$

これを**偏差平方和**（sum of squares）といい，通常は記号 S で表します。式を簡単にするために総和の記号 Σ を使って，次のように表すこともできます。

$$S=\sum_{i=1}^{n}(x_i-\bar{x})^2$$

たとえば，ある製品の長さを調べるために，五つの標本のデータを取ったところ，58, 59, 60, 61, 62（mm）だった場合には，平均は60mmなので，

$$(58-60)^2+(59-60)^2+(60-60)^2+(61-60)^2+(62-60)^2=10$$

偏差平方和は10になります。ところが平均の長さが同じでも，五つのデータが30, 40, 60, 80, 90（mm）のようにばらつきが大きい場合には，

$$(30-60)^2+(40-60)^2+(60-60)^2+(80-60)^2+(90-60)^2=2600$$

となり，偏差平方和も大きくなります。

また，偏差平方和はデータの数が多いほど大きくなるため，個数の異なるグループのばらつきは比較できません。個数に関係なくばらつき具合を見るための指標が，**不偏分散**（variance），あるいは**標本分散**と呼ばれるものです。

不偏分散とは，n をサンプルサイズとしたとき，偏差平方和 S を $(n-1)$ で割ったものであり，通常は記号 V 又は s^2 で表します。

$$V=s^2=\frac{1}{n-1}\sum_{i=1}^{n}(x_i-\bar{x})^2$$

ここで疑問に思う人もいるかと思います。なぜ，サンプルの数より一つ少ない $(n-1)$ で割るのかという点です。母集団の場合には，偏差平方和をすべての要素数 n で割ったものが**分散**（通常は記号 σ^2）になります。ところが，サンプルの場合には要素数でそのまま割ると，母集団の数値より小さくなってしまうのです。

先ほどの例ではサンプルの平均は60mmでしたが，実際の母集団の平均 μ は，それより大きいか小さいか，いずれかのはずです。仮に μ を50mmと70mmとして，ばらつきが大きかった方のデータで偏差平方和を計算してみ

ましょう。

$$(30-50)^2 + (40-50)^2 + (60-50)^2 + (80-50)^2 + (90-50)^2 = 3100$$
$$(30-70)^2 + (40-70)^2 + (60-70)^2 + (80-70)^2 + (90-70)^2 = 3100$$

サンプルの偏差平方和は2600だったので，実際の平均値が大きくても小さくても，母集団の数値より小さくなることが確認できると思います。とりわけサンプルサイズが小さい場合に差が大きくなります。

実は，サイズ n の不偏分散 s^2 の平均 $\overline{s^2}$ と，母集団の分散 σ^2 との間には，次のような関係があります。

$$\overline{s^2} = \frac{n-1}{n}\sigma^2$$

証明は省きますが，これをもとにして導きだしたのが不偏分散の式です。母集団の分散とずれが大きくならないようあらかじめ調整してあるわけです。

分散は，ばらつきを示すのに適していますが，単位に問題があります。というのも，2乗したために，もとの値の単位と分散の単位とが異なっているからです。上の例では，もともとのデータは mm という長さの単位でしたが，分散では mm² という面積の単位に変わってしまっています。

そこで，生データや平均値と単位を合わせるために不偏分散の平方根をとったものを考えます。これを**標準偏差**（standard deviation）といい，統計で最も利用されることの多い指標の一つとなっています。通常は記号 s で表します。

$$s = \sqrt{V} = \sqrt{\frac{S}{n-1}} = \sqrt{\frac{\sum_{i=1}^{n}(x_i - \overline{x})^2}{n-1}}$$

下の母集団の標準偏差(通常は記号 σ)とは異なる点に注意してください。

$$\sigma = \sqrt{\sigma^2} = \sqrt{\frac{\sum_{i=1}^{n}(x_i - \mu)^2}{n}}$$

母集団と標本の記号の違い

	平均値	分散	標準偏差
母集団	μ	σ^2	σ
標本	$\overline{x}$	V, s^2	s

では，標準偏差のまとめとして，次のように五つのサンプルのデータが得られている場合の標準偏差を求めてみましょう。

サンプルの値： 3　4　6　8　9

平均値：　　　$\bar{x} = \dfrac{(3+4+6+8+9)}{5} = 6$

偏差平方和：　$S = (3-6)^2 + (4-6)^2 + (6-6)^2 + (8-6)^2 + (9-6)^2 = 26$

不偏分散：　　$V = \dfrac{26}{5-1} = 6.5$

標準偏差：　　$s = \sqrt{6.5} \simeq 2.5$

平均値，平方和，分散，標準偏差の求め方は，QC 検定 3 級のとても大切なポイントです。確実に覚えておいてください。

■**変動係数**（coefficient of variation）

標準偏差の単位は，標本の単位と同じです。そのため標準偏差では，製品のサイズ（m）と重量（kg）のように単位の異なるもの同士のばらつき具合を比較できません。

そこで，標準偏差を平均値で割って，無単位にしたものを考えることにします。この数値が**変動係数**で，ばらつきが大きくなるほど数値も大きくなります。通常は記号 CV を用いて，百分率（％）で表します。

$$CV = \dfrac{s}{\bar{x}} \times 100\,(\%)$$

たとえば，5 個の製品の標本があり，寸法（m）と重量（kg）が次の値である場合の変動係数を求めてみましょう。

標本の寸法(m)	1.1	1.2	1.4	1.2	1.5
標本の重量(kg)	2.4	2.5	2.8	2.6	2.9

平均値： 寸法 $\dfrac{1.1+1.2+1.4+1.2+1.5}{5}=1.28$

重量 $\dfrac{2.4+2.5+2.8+2.6+2.9}{5}=2.64$

不偏分散：寸法
$$\dfrac{(1.1-1.28)^2+(1.2-1.28)^2+(1.4-1.28)^2+(1.2-1.28)^2+(1.5-1.28)^2}{5-1}=0.027$$

重量
$$\dfrac{(2.4-2.64)^2+(2.5-2.64)^2+(2.8-2.64)^2+(2.6-2.64)^2+(2.9-2.64)^2}{5-1}=0.043$$

標準偏差：寸法 $\sqrt{0.027}\simeq 0.164$
　　　　　重量 $\sqrt{0.043}\simeq 0.207$

変動係数：寸法 $0.164\div 1.28\times 100=12.81\,(\%)$
　　　　　重量 $0.207\div 2.64\times 100=7.84\,(\%)$

計算の結果，寸法の方が重量よりもばらつきが大きいとわかります。

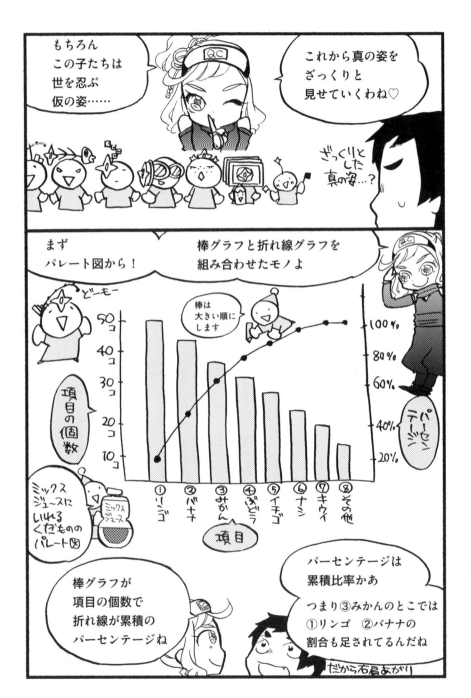

●第2章 QC七つ道具

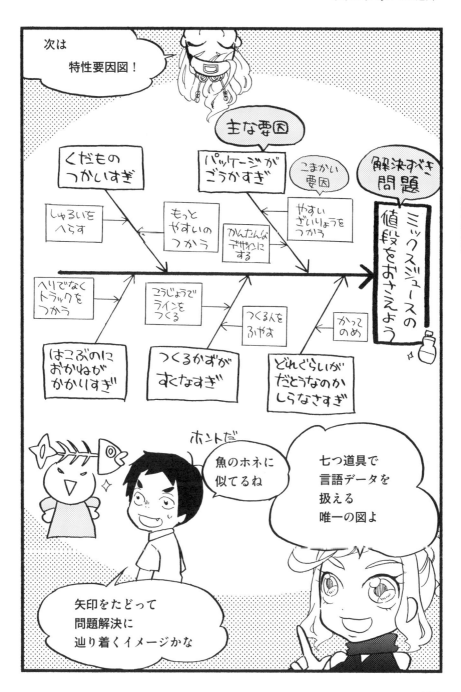

●第2章 QC七つ道具

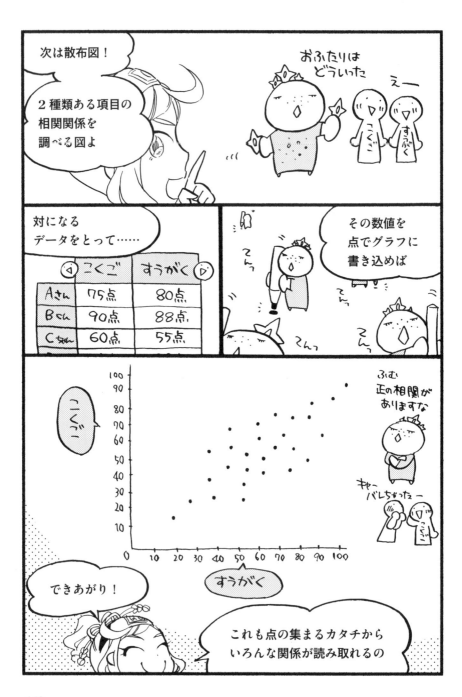

●第2章 QC七つ道具

QC 七つ道具の種類

データを収集して分析を行うのは、事実に基づき定量的に現状を把握するためです。収集したデータを分析する有力な技法がQC七つ道具です。JIS Q 9024：2003による定義と、利用法に従って、これらの道具を概観してみましょう。

QC七つ道具の一覧（JIS Q 9024：2003を一部改変）

名称	定義	利用法	概略図
パレート図 pareto diagram	項目別に層別して、出現頻度の大きさの順に並べるとともに、累積和を示した図である。	改善すべき事項（問題）の全体に及ぼす影響の確認、及び改善による効果の確認に使用する。この技法によって、"多数の些細な事項"ではなく"少数の重要な事項"が明確になり、対策を集中することができる。	（パレート図）
特性要因図 cause and effect diagram	特定の結果（特性）と要因との関係を系統的に表した図である。	問題の因果関係を整理し原因を追究することに使用する。また、問題に対する解決策を実施するために採用する必要のある基本要素の根本原因を見いだすために使用する。	（特性要因図：問題となっている特性を記入↓、背骨、大骨、納期遅延が改善されない）
チェックシート check sheet	計数データを収集する際に、分類項目のどこに集中しているかを見やすくした表又は図である。	層別データの記録用紙として用いて、パレート図及び特性要因図のような技法に使用できるデータを提供することもできる。また作業の点検漏れを防止するためにも使用できる。	（決まった形式はない。148ページのチェックシートの項目を参照のこと）

名称	定義	利用法	概略図
ヒストグラム histogram	計測値の存在する範囲を幾つかの区間に分けた場合,各区間を底辺とし,その区間に属する測定値の度数に比例する面積をもつ長方形を並べた図である。	計量値データを統計的に解析して,中心傾向(平均値,メジアン,モード),出現度数の幅,範囲,及び形状を表すことができる。	
散布図 scatter diagram	二つの特性を横軸と縦軸とし,観測値を打点して作るグラフである。	二つの特性の相関関係を見るために使用する。また,無相関の場合でも,層別した散布図を作成することで,更なる相関分析が進められることもある。	
グラフ graph	データの大きさを図形で表し,視覚に訴えたり,データの大きさの変化を示したりして理解しやすくした図である。	使用目的別に代表的なグラフには,次の例がある。 **内訳を表す** 円グラフ,帯グラフ **大小比較を表す** 棒グラフ **推移を表す** 折れ線グラフ,レーダーチャート,Zグラフ,ガントチャート	
管理図 control chart	連続した観測値又は群にある統計量の値を,通常は時間順又はサンプル番号順に打点した,上側管理限界線,及び/又は,下側管理限界線をもつ図である。	工程の異常を発見し,安定状態を維持する。層別によって改善点を明確にする。改善効果を確認する。	

●第2章 QC七つ道具

　表の中のQC七つ道具の数は七つですが，3級試験範囲には八つ書かれています。実は，層別は七つ道具に含まれませんが，ほかの道具（技法）と一緒に用いることで効果を発揮する技法です。このため，この章で層別についても説明を行います。その代わりに，内容が込み入っているQC七つ道具の管理図は，独立させて第5章で扱います。

2　パレート図

　重点指向の項で述べたとおり，重要度の高い事項を洗い出す技法です。パレートはイタリアの経済学者で，「多くの事象において，およそ80％の結果は20％の原因に由来する」という経験則を見いだした人物です。

　パレート図は，棒グラフと折れ線グラフを組み合わせたものです。棒グラフは不適合の要因などを項目にして，多いものから順に個数（件数）を示します。折れ線グラフは項目の個数を次々に加えて，その項目までが全体に占めている割合（累積比率）を示しています。

　折れ線グラフの70～80％程度を占める項目が「少数の重要な事項」となります。それ以外の「多数の些細な事項」は個数（件数）が少なくなり，折れ線グラフは長くなだらかな形状（**ロングテール現象**）となります。

　パレート図の作成手順は次の通りです（JIS Q 9024：2003より）

1．データの分類項目を決定する（不適合項目，欠点項目，材料，機械，作業者など）。
2．期間を定め，データを収集する。
3．分類項目別にデータを集計する。
4．分類項目ごとに累積数を求め，全体のデータ数に対する百分率を計算する。
5．項目を大きい順に棒グラフにする。
6．項目の累積百分率を折れ線グラフにする。
7．必要事項を記入する（目的，データ数，期間，作成者など）。

パレート図を作るには，下のような一覧表を作り，累積数と百分率を計算しておきます。

不適合品に関するパレート図の例と一覧表

項目名	個数	累積数	累積百分率（％）
塗　り	53	53	29.6
形　状	40	93	52.0
割　れ	35	128	71.5
寸　法	19	147	82.1
作　動	14	161	89.9
その他	18	179	100

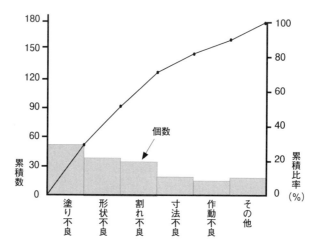

3 特性要因図

特性要因図は，東京大学教授だった石川馨博士が昭和20年代に考案した技法です。特定の結果（特性）と要因との関係を系統的な図にして，要因の根本原因を発見するためのものです。

図が魚の骨格に似ていることから，**魚の骨図**，**フィッシュボーンチャート**とも呼ばれています。

要因（cause）という言葉ですが，「ある現象を引き起こす可能性のあるもの」をいい，「要因のうち，ある現象を引き起こしているとして特定されたもの」

である**原因**(root cause)とは区別しています(JIS Q 9024:2003)。

QC七つ道具の多くは数値データの分析に用いる道具ですが，特性要因図は言語データを図解する技法です。

特性要因図には，解決すべき問題(特性)を横線(背骨，主軸ともいう)の右端に書き込みます。この横線の両側に斜め方向の線(大骨，大枝ともいう)を描き，その各々がその問題に関連する主な要因を表します。さらに，中骨(中枝)，小骨(小枝)の順に線を描き加えながら要因を書き込み，主な要因について根本原因を見いだすまで続けます。

特性要因図の作成手順は次の通りです(JIS Q 9024:2003 より)。

1．品質特性を決定する。
2．主軸を右方向矢印で書き，その先端に品質特性を記入する。
3．要因を大枝で書き，四角で囲む。
4．要因のグループごとに更に要因を小枝で書き込む。
5．根本原因を絞込み，色づけなどによって識別する。
6．必要事項を記入する(目的，作成日，作成場所，作成者など)。

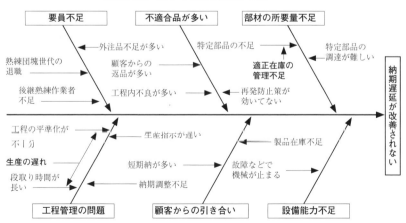

納期遅延に関する特性要因図の例

4 チェックシート

チェックシートには決まった形式がありません。代表的なチェックシートに，点検項目のチェック欄，異状所見に関する欄，点検した人と日時を書き込む欄などのある定期点検用の一覧表があります。また，スーパーで買い忘れがないように作っておく買い物メモも，チェックシートの一種です。

買い物メモは使用後に不要となりますが，点検用など業務に用いるほとんどのチェックシートは，記入後は記録となるものなので，文書や記録の管理ルールに従って保管することが必要になります。

つまり，チェックシートには点検用と記録用のものがあるということです。チェックリストと呼ぶこともあります。

チェックシートの作成手順は次の通りです（JIS Q 9024：2003 より）。

1．データの分類項目を決定する。
2．記録ヒストグラム用紙の形式を決定する。
3．期間を定めてデータを収集する。
4．データ用紙にマーキングをする。
5．必要事項を記入する（目的，データ数，期間，作成者など）。

チェックシートの例

品名：名物塩ラーメン　　　期間／12月1日〜7日　調査方法／覆面調査

	1日	2日	3日	4日	5日	6日	7日
麺量過不足	T		一		T		
スープ量過不足		下					
麺のゆで方不良			一			正	
スープ調合不良						一	正
盛り付け不良					一		
トッピングミス	一			T			
その他		T	一			一	
合計	3	5	3	2	4	5	5

5 ヒストグラム

ヒストグラムは，度数分布表をグラフにしたものです。JIS Q 9024:2003では，分布の形から次のような情報を読み取れるとしています。

- 形によって，データの分布を認知する。
- 中心傾向によって，規格，標準値の適合状態を確認する。
- 層別したヒストグラムによって，偏り，ばらつきを認知する。

また，作成手順を次のようにしています（JIS Q 9024：2003より）。

1．期間を定め，データを収集する。
2．データの最大値と最小値を求める。
3．級（柱）の数を決定する。
4．級の幅を決定する。
5．級の中心値を決定する。
6．データを級によって分類する。
7．ヒストグラムに表す。
8．必要事項を記入する（目的，データ数，期間，平均値，標準偏差など）。

■度数分布表とヒストグラムの作り方

ヒストグラムの作成手順のうち，1から6までは，実は度数分布表の作り方です。

そこで，まず度数分布（frequency distribution）によって，データを整理する方法から説明していきましょう。

仮に，150ページの表のようにばらつきのある64個のデータがあるとします。これらは寸法の規格が100.00±0.80mmである製品の標本データだと考えてください。

次に，データの中から最小値と最大値を見つけます。すると最小値は99.32，

100.07	99.32	100.29	100.15	100.35	100.45	99.80	100.05
99.58	100.12	99.97	100.22	100.53	99.93	99.83	99.81
100.37	100.69	99.95	100.06	100.14	99.95	99.88	100.33
99.72	99.70	100.29	99.69	100.55	99.99	100.01	99.89
99.83	100.08	99.84	99.88	100.08	100.26	99.81	100.33
99.64	100.03	99.53	99.68	99.90	100.11	100.18	100.00
100.21	99.76	100.02	99.66	99.86	99.96	100.23	99.97
100.20	99.71	99.90	100.14	99.96	100.26	100.40	100.65

最大値は100.69なので、範囲Rは最大値から最小値を引いた1.37だとわかります。

次に、全体をいくつの級（階級）に分けるかを決めます。よく用いられるスタージェスの式では、データの数をnとしたとき、級の数kは、次の式で求めます。

$$k = 1 + \log_2 n$$

$\log_2 n$の意味ですが、2を何乗したらnになるかを示す式です。$n=64$の場合は、$2^6 = 64$なので、$k = 1 + 6$で7になります。

また、$\sqrt{n}$に近い整数をkとすることもしばしばあり、$n=64$の場合は$k=8$になりますが、今回は階級の数kを7とすることにしましょう。

次に、級の幅を決めていきます。範囲Rは1.37なので、これを級の数7で割ります。

$$1.37 \div 7 \simeq 0.19$$

級の幅は、測定単位の整数倍になるように切り上げて0.20とします。級の数は7なので、全体が範囲R =1.37 ≃ 1.40の幅になるように99.30以上100.70未満を範囲にすれば、すべてのデータがうまく納まります。

それぞれの級は、99.30以上99.50未満、99.50以上99.70未満、99.70以上99.90未満、99.90以上100.10未満、100.10以上100.30未満、100.30以上100.50未満、100.50以上100.70未満です。

このとき、それぞれの級の中央にくる値を中心値といい、記号Mで表します。

そして，それぞれの級に含まれるデータの数を度数といい，記号で表します。

次に，それぞれの級の度数を数えていきますが，チェックシートで「正」の字を書きながら数えるのが間違いのないやり方です。漢字を使わない欧米では，|, ||, |||, ||||, |||| のようなマーク（tally mark）を使っています。

数えた結果を表にしたものが度数分布表です。

これでヒストグラムを作る準備ができました。横軸を級の幅で刻んで値を書き込み，縦軸に度数をとって，すき間を空けずに棒グラフを描けば完成です。

このヒストグラムは，中央に高いデータの山があり，ほぼ左右対称になっています。このような形状は，管理が適切で，工程が安定している場合に多く見られます。

度数分布表とヒストグラムの例

区間	中心(M)	度数(f)
99.30以上99.50未満	99.40	1
99.50以上99.70未満	99.60	6
99.70以上99.90未満	99.80	14
99.90以上100.10未満	100.00	19
100.10以上100.30未満	100.20	15
100.30以上100.50未満	100.40	6
100.50以上100.70未満	100.60	3

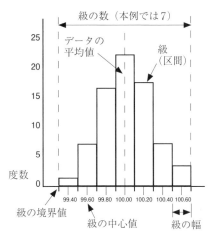

■ヒストグラムの見方

ほかにもヒストグラムには様々な形状がありますが，それらがどういう場合に現れるかを，JIS Z 9041-1：1999に従って，152ページにまとめておきましょう。

ヒストグラムの見方（JIS Z 9041-1：1999 より）

1，左右対称なもの
一般的によく見られるもので，工程が安定している場合。

2，右にゆがんだもの（右袖ひき型）
微量成分の含有率など，ある値以下の値がとれない場合。

3，左にゆがんだもの（左袖ひき型）
純度の高い成分の含有率など，ある値以上の値がとれない場合。

4，二山のもの
二つの分布が混じり合っている場合。たとえば成分に差のある原料が2種類ある場合など。

5，端の切れたもの（絶壁型）
規格以上，又は以下のものを選別して取り除いた場合など。

6，端の区間が異常に高いもの
規格外れのものを手直ししたり，データを偽って報告したりした場合など。

7，とびはなれた山をもつもの（離れ小島型）
測定誤りがあったり，工程に異常があったりした場合など。

散布図

　2種類の対になっている測定項目がある場合，両者に相関関係があるかどうかを調べます。通常は，測定値を x, y とします。測定値 x は x 軸（横軸）にとり，測定値 y を y 軸（縦軸）にとって，対の測定値 (x,y) をグラフに打点して，その分布の形から相関関係を判断します。原因と結果の相関を調べる場合には，原因となるほうを x とし，結果を y とします。

　散布図の作成手順は次のようになっています（JIS Q 9024：2003 より）。

1．期間を定め，データをとる。
2．縦軸，横軸に目盛を入れる。
3．対のデータを打点する。
4．必要事項を記入する（目的，データ数，期間，作成者など）。

では，具体例で散布図を作ってみましょう。このような20対のデータがあり，xを原料の加工前，yを荒削り後の寸法（cm）だとします。

加工前 (x)	9.1	6.9	8.2	8.2	6.9	7.8	6.1	7.5	8.7	7.6	7.4	7.2	6.4	7.1	8.4	7.9	7.0	7.7	7.2	8.4
加工後 (y)	8.7	6.8	7.5	6.2	6.2	6.8	5.6	6.9	8.1	7.5	7.2	7.2	5.9	6.5	7.5	7.2	6.6	7.1	7.3	7.7

方眼紙などに横軸と縦軸を書き込んで目盛りを刻み，対のデータを書き込んでいけば，散布図の完成です。

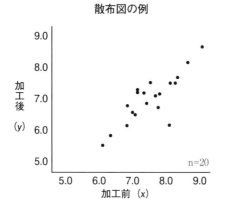

散布図の例

グラフを見てみると，左下から右上の向きに，点がある程度，直線的に並んでいることがわかります。これを正の相関があるといいます。

散布図の点の配列から，相関との関係を読みとる方法を154ページにまとめておきます。

ここでいう相関とは，一次関数で表せる関係をいいます。相関が強いほど直線的に点が並びます。154ページに出てきますが，相関の強さを調べることを相関分析といい，その指標となるのが相関係数です。二次関数のように曲線を示すものは，相関係数による分析は無意味になります。

散布図の見方（JIS Z 9041-1：1999より）

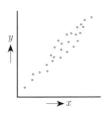

1．強い正の相関

xが増えればyも増える関係。

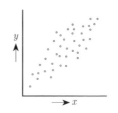

2．弱い正の相関

xが増えればyも増えるが，特定のxによってばらつきが大きく出る関係。

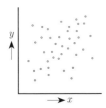

3．無相関

xとyに線型の関係ないもの。ただし，層別して散布図を作れば相関が表れる場合がある。

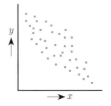

4．弱い負の相関

xが増えればyが減るが，特定のxによってばらつきが大きく出る関係。

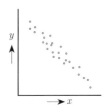

5．強い負の相関

xが増えればyも減る関係。

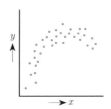

6．曲線を示すもの

曲線に見えるものには，xとyに二次関数など，一次関数でない関係が考えられる。

7 グラフ

　グラフには様々なものがあります。QC七つ道具のパレート図，ヒストグラム，散布図，第5章で学ぶ管理図もグラフの一種です。品質管理に用いるには，目的に合わせたグラフを選ぶことが必要です。

　グラフを目的ごとに分類したものを155ページに載せておきます。

●第2章 QC七つ道具

1, 内訳を示すためのグラフ

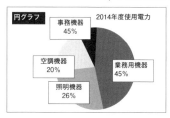
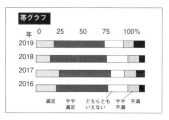

2, 大小の比較をするグラフ

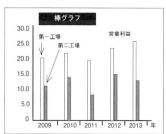
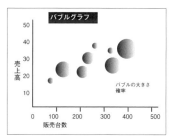

3, 推移を示すためのグラフ

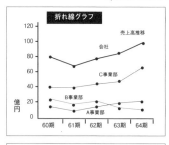
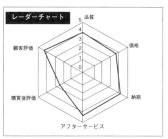

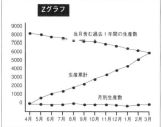
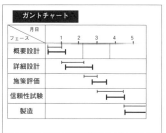

8 層別

層別は，JIS Z 8101-2：1999 では次のように定義されています。

> 母集団をいくつかの層に分割すること。層は部分母集団の一種で，相互に共通部分を持たず，それぞれの層を合わせたものが母集団に一致する。目的とする特性に関して，層内がより均一になるように層を設定する。

簡単にいうと層別とは，全体としては特徴が見られないデータの集まりを，何かしらの共通性によってグループ(層)に分けることをいいます。定義には「母集団をいくつかの層に分割する」とありますが，多くの場合，層別した標本を調べて母集団を推定することになります。

層別した後，パレート図，ヒストグラム，散布図，管理図を作ってデータの特徴を調べます。層別がうまくできていないと，二山のヒストグラムや，相関があるはずなのに無相関を示す散布図ができる恐れがあります。

層別する際には，作業者（man），機械・治具（machine），材料（material），作業方法（method）といった4Mによって分ける方法や，製造の時間（月，週，日，時刻）や，測定のやり方（測定器，測定者，測定日時）で分ける方法などがあります。

層別の作成手順は次のようになっています（JIS Q 9024：2003 より）。

> 1．データを収集する。
> 2．データのばらつきの原因と思われる要因ごとに再集計する。
> 3．要因ごとのデータ分布，変化の比較をする。

例を挙げてみましょう。

規格が長さ 10±0.50mm の部品を作るとして，作業結果を全体のヒストグラムと，作業者A～Cによって層別したヒストグラムとで比較してみましょう。サンプル数は45，3人とも15個ずつ作業を受け持ったとします。

第2章 QC七つ道具

規格外のものがいくつもあり,全体のヒストグラムでは,管理が十分とはいえない状態にあることはわかりますが,原因は見えません。しかし,層別によって原因がCの作業にあったとわかります。

ヒストグラムを層別した例

仕上がりサイズ	A	B	C	全体
9.30 〜 9.50	0	0	1	1
9.50 〜 9.70	1	2	1	4
9.70 〜 9.90	3	3	1	7
9.90 〜 10.10	7	4	3	14
10.10 〜 10.30	2	4	4	10
10.30 〜 10.50	1	2	4	7
10.50 〜 10.70	0	0	2	2

仕上がりサイズ	A
9.30 〜 9.50	0
9.50 〜 9.70	1
9.70 〜 9.90	3
9.90 〜 10.10	7
10.10 〜 10.30	2
10.30 〜 10.50	1
10.50 〜 10.70	0

仕上がりサイズ	B
9.30 〜 9.50	0
9.50 〜 9.70	2
9.70 〜 9.90	3
9.90 〜 10.10	4
10.10 〜 10.30	4
10.30 〜 10.50	2
10.50 〜 10.70	0

仕上がりサイズ	C
9.30 〜 9.50	1
9.50 〜 9.70	1
9.70 〜 9.90	1
9.90 〜 10.10	3
10.10 〜 10.30	4
10.30 〜 10.50	4
10.50 〜 10.70	2

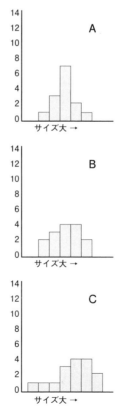

第3章 新QC七つ道具

1 新 QC 七つ道具の種類

新 QC 七つ道具は一つを除き，言語データを解析する技法です。

JIS Q 9024：2003 によれば，「言語データに対する技法」とは「継続的改善の実施に当たって，言語データに基づき，問題の形成，原因の探索，最適手段の追究，施策の評価，対策立案，実行計画などを適切に解析する技法」と定義しています。

新 QC 七つ道具のうちの六つは，**親和図**（affinity diagram），**連関図**（relation diagram），**系統図**（tree diagram），**マトリックス図**（matrix diagram），**アローダイアグラム**（arrow diagram），**PDPC**（process decision program chart）と呼ばれる図を用いて言語データを分析します。

残りの**マトリックス・データ解析**（matrix-data analysis）だけは「数値データに対する技法」です。

QC 検定 3 級の出題範囲は，定義と基本的な考え方に限られます。

2 親和図法

JIS Q 9024：2003 では，定義，使用法，作成手順は次のようになっています。

> **（定義）** 親和図は，混沌とした問題について，事実，意見，発想を言語データでとらえ，それらの相互の親和性によって統合して解決すべき問題を明確に表した図である。
>
> **（使用法）** 親和図は，問題が錯綜していて，いかに取り組むかについて混乱している場合に，多数の事実及び発想などの項目間の類似性を整理し，あるべき姿及び問題の構造を明らかにする際に用いられる。この技法の使用にあたり，個々の発想又は項目の類似したものを統合し，最もよく要約又は統合した共通の表題の下にまとめていく。この方法では，多数の項目を，少数の関連グループに整理することができる。

(作成手順)
1．課題を設定する。
2．原始情報を収集する。
3．原始情報を吟味して言語データ化する。
4．類似した二つの言語データを新たな言語データに作りかえる。
5．類似性のない言語データはそのままにしておく。
6．さらに，4，5の手順を類似の言語データがなくなるまで繰りかえす。
7．言語データをつくり変えた過程を図で表す。
8．相互の関係を矢印で結ぶ。
9．必要事項を記入する（目的，作成日，作成場所，作成者など）。

親和図は，前に述べたとおりKJ法を応用したもので，親和とは，類似とほぼ同じ意味をもちます。

まず，ある問題についての様々な情報（原始情報）をブレーン・ストーミングやアンケートなどで集めます。それらを適切な言葉（言語データ）にして，書きとめていきます。類似性のある言語データはひとまとめにし，それを包含する見出しとなるような言語データを作ります。さらに，見出しとなった言語データもひとまとめにしていき，最終的に大見出しとなったものが，問題の根本的な原因ということになります。右の概念図を見て，基本的な考え方を掴んでください。

3 連関図法

JIS Q 9024：2003 では，定義，使用法，作成手順は次のようになっています。

（定義） 連関図は，複雑な原因の絡み合う問題について，その因果関係を論理的につないだ図である。
（使用法） 連関図は，問題の因果関係を解明し，解決の糸口を見いだすことに使用する。連関図を使用するには，原因を抽出し，更に，その原因を

抽出することを繰り返し，因果関係を一覧できるように図示する。

（作成手順）
1．問題を設定し，用紙の中央に記載する。
2．問題の1次原因を設定し，問題の周辺に配置する。
3．2次原因，3次原因と順次原因を掘り下げて，因果関係を矢印で結ぶ。
4．因果関係を確認し，原因の追加，修正をする。
5．主要原因を絞り込み，色づけなどによって識別する。
6．連関図より読み取った結論を記載する。
7．必要事項を記入する（目的，作成日，作成場所，作成者など）。

因果関係というのは，原因と結果とのつながり方のことです。**連関図法**では，結果として現れている事象を中心に書き込み，なぜなぜ分析と同様に原因を次から次へと探っていきます。つながりは矢印で結び，矢印の向きは「原因→結果」となるようにします。

このような分析は問題解決のためのものですが，原因と結果のかわりに，目標と手段を分析すれば，課題達成にも役立ちます。

右の概念図を見て，基本的な考え方を摑んでください。

 系統図法

JIS Q 9024:2003 では，定義，使用法，作成手順は次のようになっています。

（定義） 系統図は，目的を設定し，この目的に到達する手段を系統的に展開した図である。
（使用法） 系統図は，問題に影響している要因間の関係を整理し，目的を果たす最適手段を系統的に追究するために使用する。後述のマトリックス図と組み合わせて，問題解決の手段のウェート付けに使うこともある。

(作成手順)
1．問題を設定して，用紙の左端中央に書く。
2．問題を解決するための第1次手段をその右に列挙する。
3．さらに，第1次手段を第2次目的として，第2次手段をその右に列挙する。
4．以下多段階に展開し，具体的な実行可能手段を得るまで実施する。
5．上位目的と手段との関係を見直し，その関係及び抜け落ちの有無を確認する。
6．必要事項を記入する（目的，作成日，作成場所，作成者など）。

親和図法は個々の言語データから出発して，次第に抽象化していき，根本的な原因を探るものでしたが，系統図法は正反対の技法です。まず，問題解決や課題達成などのゴールを設定し，そのための手段を大から小へ，つまり順に具体的な手段へと展開していくものです。

右の概念図を見て，基本的な考え方を掴んでください。

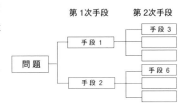

5 マトリックス図法

JIS Q 9024:2003 では，定義，使用法，作成手順は次のようになっています。

(定義) マトリックス図は，行に属する要素と列に属する要素によって二元的配置にした図である。
(使用法) マトリックス図は，多元的思考によって問題点を明確にしていくために使用する。特に二元的配置の中から，問題の所在又は形態を探索したり，二元的関係の中から問題解決への着想を得たりする。また，要因と結果，要因と他の要因など，複数の要素間の関係を整理するために使用する。
(作成手順)
1．課題を設定する。

2．検討すべき事象を決めて，行・列に配置する要素を決める。
3．マトリックスの型を選ぶ。
4．各軸に配置する要素を決め，各要素を分解して記入する。
5．各要素項目間の関連の有無・度合いを交点に表示する。
6．着眼点を得る。
7．得られた着眼点から結論を得る。
8．必要事項を記入する（目的，作成日，作成場所，作成者など）。

マトリックスというのは，数学の行列のことです。横の並びを行，縦の並びを列といいます。

マトリックスの型には様々なものがあります。最も単純なものが，要素が2種類（AとB）の**L型マトリックス図**です。行をA（たとえば要因）とし，列をB（たとえば結果）として一覧表を作り，AとBの関係の深さによって，二重丸印，丸印，三角印などを，その行と列が交わるマス目に記入するものです。

要素が3種類（A，B，C）あり，AとB，AとCの要素を対照させたい場合には，**T型マトリックス図**を用います。

L型とT型のマトリックス図の概念図をのせますので，基本的な考え方を掴んでください。

L型　　　　T型

6 アローダイアグラム法

JIS Q 9024:2003 では，定義，使用法，作成手順は次のようになっています。

（定義） アローダイアグラムは，日程計画を表すために矢線を用いた図である。

（使用法） アローダイアグラムは，PERT（Program Evaluation and Review Technique）と呼ばれる日程計画及び管理の技法で使用され，特

定の計画を進めていくために必要な作業の関連をネットワークで表現し，最適な日程計画をたて効率よく進ちょくを管理するために使用される。具体的には，目標を達成する手段の実行手順，所要日程（工期，工数）及びその短縮の方策を検討する際に使用する。日程管理に利用する場合，グラフ（ガントチャート）と併用して使用することがある。

(作成手順)

1．課題を設定する。
2．必要な作業を列挙する。
3．作業名をカードに記入する。
4．作業の順序関係をつけて，カードを左から右に配置する。
5．結合点を書き，矢印を引き，結合点の番号を記入する。
6．各作業の所要日程（工期，工数）を見積る。
7．最早結合点日程を計算する。
8．最遅結合点日程を計算する。
9．余裕時間を計算する。
10．クリティカル・パスを表示する。
11．必要事項を記入する（目的，作成日，作成場所，作成者など）。

アローダイアグラムは，計画開始から完了までに必要な日程や作業を，矢印の道筋で示すものです。目標達成までの複雑な過程をわかりやすくまとめることができます。

結合点とは作業の区切りのことで，番号をつけておきます。実作業は実線の矢印で表し，矢印の上側に作業名，下側に所要日程を書いておきます。破線の矢印は作業の順序を示すためのもので，実際の作業は行われません。

クリティカル・パス(critical path)とは，いずれかの作業が少しでも遅れたら，全体の日程に決定的な(critical)な遅延を引き起こすことになる，開始から完了までに至るまでの道筋（path）のことです。クリティカル・パスは，太い矢印で示します。

クリティカル・パスの例

169ページに概念図を載せましたので、クリティカル・パスをはじめとする基本的な考え方をつかんでください。

7 PDPC 法

JIS Q 9024:2003 では、定義、使用法、作成手順は次のようになっています。

（定義） PDPC は、プロセス決定計画図（Process Decision Program Chart）であり、目標達成のための実施計画が、想定されるリスクを回避して目標に至るまでのプロセスをフロー化した図である。

（使用法） PDPC は、事態の進展とともに、各種の結果が想定される問題について、望ましい結果に至るプロセスを決めるために用いられる。具体的には、問題の最終的な解決までの一連の手段を表し、予想される障害を事前に想定し、適切な対策を講じる場合に用いられる。

（作成手順）
1. 課題を設定する。
2. 前提条件及び制約条件を確認する。
3. 出発点と達成目標のゴールを決める。
4. 出発点からゴールまでの大まかな手段を列挙する。
5. 各段階で予想される状態を想定し、その対策を記載する。
6. 計画を逐次実施する。
7. 作成日、作成場所及び作成者を記入する。

PDPC は、もともと危機管理の技法です。東京大学教授の故近藤次郎博士が、最悪の事態を想定しつつ交渉に臨む道具として考案したものです。それが品質管理に応用され、目標の達成まで想定外のトラブルに見舞われることのないよう、あらかじめ考えうる結果のすべてを検討するフローチャートとなりました。

PDPC の概念図を右に載せますので、

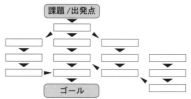

基本的な考え方を掴んでください。図の中の四角の枠は実施事項や対策を，角が丸い枠は予想される結果や状態を示しています。

マトリックス・データ解析法

JIS Q 9024:2003 では，定義，使用法，解析手順は次のようになっています。

（定義） マトリックス・データ解析は，行列に配置した数値データを解析する，多変量解析の一手法であり，主成分分析とも呼ばれることがある。
（使用法） マトリックス・データ解析は，通常，大量にある数値データを解析して，項目を集約し，評価項目間の差を明確に表すために使用する。
（解析手順）
1．データをマトリックスに整理する。
2．平均値及び標準偏差を計算する。
3．マトリックス間の相関係数を計算する。
4．固有値を計算する。
5．固有ベクトル及び因子負荷量を計算する。
6．主成分得点の計算をする。
7．主成分得点の散布状態をグラフにする。

かなり難しく感じられると思います。**多変量解析**とは，3種類以上の特性値をもつデータを解析する手法のことです。**マトリックス・データ解析**もその一種で，何種類もの要素をもつたくさんの数値データを，計算によって2種類の成分にまとめて，散布図のようなグラフにするものだと大まかに想像してみてください。解析手順の中に出てくる難しい用語の多くは，大学で学ぶ数学の範囲です。計算も複雑になるため，しばしばコンピュータを利用します。

マトリックス・データ解析のグラフ例をのせますので，だいたいの雰囲気を掴んでください。

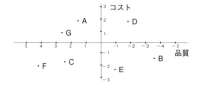

第4章 統計的方法の基礎

1 統計と確率

統計的方法とは，検査や調査などで集めたデータをもとに，考察の対象となるもの，つまり母集団の全貌を解明しようとする数学的な方法をいいます。

サンプルから未知の母集団を明らかにしようというのですから，実際にはできるだけ事実に近くなるよう推測を行うことが目標になります。このため統計的な方法で得られる結論は，絶対的な真理とは異なり，常に確からしさ（確率）で表されます。サンプルのすべてが適格品であっても，母集団に不適格品が生じる確率は0ではありません。

コインを投げて表が出る確率は2分の1，裏が出る確率も2分の1で，合計すると1です。サイコロを振ると，1から6の目が出る確率はいずれも6分の1で，合計するとやはり1です。つまり，起こりうる全事象の確率を合計すると，必ず1になります。適切に品質管理が行われて，適格品だけが生じる確率が非常に高くなったとしても，不適格品の生じる確率と合計と合計したものが1となります。

次のグラフを見てください。

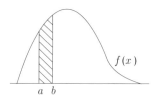

$$\Pr(a < x \leq b) = \int_a^b f(x)\,dx$$

これは**確率密度関数**と呼ばれるもので，曲線が高く盛り上がっているところは数値が現れやすいことを，つまり確率が高いことを示しています。そして，その曲線と下の直線ではさまれる全体の面積は，常に1になっています。さらに，aとの間のグレーの面積は，xがaからbまでの区間にある確率を表しています。xは「どのような値となるかが，ある確率法則によって決まる変数」(JIS Z 8101-1：1999)で，これを**確率変数**といいます。

確率密度関数のグラフで最も有名なものが正規分布曲線です。左右対称の釣鐘を伏せたような形をしていて、両側に広い裾野をもっています。これによく似たものが、QC 七つ道具のヒストグラムの形状にあったことを覚えているでしょうか。それは、左右対称のもので、一般的によく見られる形とされていました。

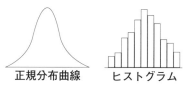

正規分布曲線　　ヒストグラム

実は正規分布も、世の中の多くの現象に見られるものです。ペーパーテストの得点分布、身長の分布、基準値に対する誤差の分布など、様々な現象が正規分布になると知られています。

統計的方法を用いて品質管理を行うには、正規分布の性質についての理解が欠かせません。次の項目で概要を見ていきましょう。

2 正規分布

第 2 部第 1 章で、平均値、中央値、最頻値、範囲、平方和、分散、標準偏差などの基本的な統計量について学びましたが、これらの値が統計的方法では重要な役割を果たします。

正規分布（normal distribution）では、母平均（μ）と母標準偏差（σ）の値が重要で、これらが決まれば、分布も決まります。

平均値や標準偏差のように、その値を決定すれば分布を確定できる定数のことを**母数**又は**パラメータ**（parameter）といいます。統計量とは、パラメータを導きだすために必要な値のことです。

平均値が μ で標準偏差が σ である正規分布を、しばしば次のように表します。

$$N(\mu, \sigma^2)$$

カッコの中が、標準偏差の σ でなく、標準偏差を 2 乗した分散の σ^2 になっているのは、二つの正規分布 $N(\mu_1, \sigma_1^2)$ と $N(\mu_2, \sigma_2^2)$ があったとき、正規分布

同士の足し算と引き算を行うと，

$$N(\mu_1 \pm \mu_2,\ \sigma_1^2 \pm \sigma_2^2)$$

となる性質があって，分散を用いるほうが便利だからです。このような正規分布の性質を，正規分布の加法定理と呼んでいます。

それでは，日本人の身長を例に，正規分布の特徴を見ていくことにしましょう。2013年度の文部科学省の調査では，日本の16歳男子の平均身長は168.24cmで，標準偏差は5.88cmとなっています。平均値と標準偏差の二つのパラメータの値がわかっているので，正規分布は次のように確定できます。

$$N(168.24,\ 5.88^2)\quad 単位：cm$$

この分布を調べるには，多くの場合，次のような正規分布表と呼ばれる数表を利用します。

正規分布表

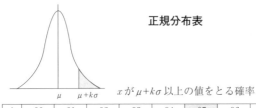

x が $\mu+k\sigma$ 以上の値をとる確率

k	.00	.01	.02	.03	.04	.05	.06	.07	.08	.09
0.0	.500 0	.496 0	.492 0	.488 0	.484 0	.480 1	.476 1	.472 1	.468 1	.464 1
0.1	.460 2	.456 2	.452 2	.448 3	.444 3	.440 4	.436 4	.432 5	.428 6	.424 7
0.2	.420 7	.416 8	.412 9	.409 0	.405 2	.401 3	.397 4	.393 6	.389 7	.385 9
0.3	.382 1	.378 3	.374 5	.370 7	.366 9	.363 2	.359 4	.355 7	.352 0	.348 3
0.4	.344 6	.340 9	.337 2	.333 6	.330 0	.326 4	.322 8	.319 2	.315 6	.312 1
0.5	.308 5	.305 0	.301 5	.298 1	.294 6	.291 2	.287 7	.284 3	.281 0	.277 6
0.6	.274 3	.270 9	.267 6	.264 3	.261 1	.257 8	.254 6	.251 4	.248 3	.245 1
0.7	.242 0	.238 9	.235 8	.232 7	.229 6	.226 6	.223 6	.220 6	.217 7	.214 8
0.8	.211 9	.209 0	.206 1	.203 3	.200 5	.197 7	.194 9	.192 2	.189 4	.186 7
0.9	.184 1	.181 4	.178 8	.176 2	.173 6	.171 1	.168 5	.166 0	.163 5	.161 1
1.0	.158 7	.156 2	.153 9	.151 5	.149 2	.146 9	.144 6	.142 3	.140 1	.137 9

仮にあなたが身長169.71cmの男子だとして，あなたより背の高い男子の割合を表から読み取るには，次のようにします。

まず，（あなたの身長－平均身長）÷標準偏差を計算します。

$$(169.71 - 168.24) \div 5.88 = 0.25$$

0.25 は小数点以下 1 位までが 0.2 で，それに小数点以下 2 位までの 0.05 を加えたものなので，表の縦軸の「0.2」と横軸の「.05」の交差するマス目を見ます。そこには「.401 3」とあります。つまり平均に 0.25 σ 加えたあなたの身長 169.71cm より背が高い男子は，確率的に 40.13%の割合でいるということです。正規分布は左右対称なので，平均身長から 0.25 σ を引いた 166.67cmm より低い男子も，40.13%の確率でいることになります。

パソコンの表計算ソフト Excel を持っている人で，自分の背が 16 歳の男子の中でどの程度かを知りたい人は，次の式をセルに入力してみてください。

=NORMDIST(*x*, 168.24, 5.88, FALSE)　　*x*=自分の身長（cm）

出てきた数字を百分率にすれば，上位から何%なのかがすぐわかります。現在では，正規分布表を使わなくても簡単に統計分析ができる時代になりました。

平均値から遠ざかるほど確率は小さくなります。平均値±σ 以内，つまり 162.36 ～ 174.12cm の身長は全体の 68.27%，ほぼ 3 分の 2 を占めています。ところが，平均値±3σ を超える 150.60cm 未満か 185.88cm 超の身長はそれぞれ 0.13%，合計しても全体のわずか 0.27%にしかなりません。

3σ をしばしばスリーシグマと呼び，工程管理の目安にしています。スリーシグマを超える管理をしないと，規格外れが確率的に 0.27%以上生じてしまいます。

±5σ を超える数値も 0.0000573303%の確率でありえます。

±6σ も 0.000000197318%なので，ありえないことではありません。偏差値という言葉を聞いたことがあるでしょう。偏差値 50 を平均とし，偏差値 1 の上下が 0.1 σ に相当します。つまり，偏差値 110 や −10 といった数値も，±6σ 超と同等の確率で存在しうるのです。

正規分布のうちで，次のものを**標準正規分布**といいます。

$$N(0, 1)$$

平均値が 0，分散が 1^2=1 となっている正規分布のことです。正規分布に従

うデータの値 x は，次のような一次式による簡単な計算によって，標準正規分布のデータに変換することができます。

$$\frac{x-\bar{x}}{s}$$

この操作をデータの**標準化**といい，変換された数値を標準化得点といいます。実は，先ほど正規分布表を読むために行ったのが，標準化の操作だったのです。平均と標準偏差の記号に μ と σ でなく，$\bar{x}$ と s を用いているのは，母集団ではなくサンプルを対象とするからです。通常，品質管理で統計的な手法を用いるときは，サンプルのデータが対象であることに気をつけてください。

正規分布は計量値である確率変数の分布を表すもので，このような分布を連続分布といいます。例に用いた身長も計量値であり連続量です。

計数値，つまり離散値である確率変数の分布を表すものには，次の項目で説明する二項分布があります。

3 二項分布

n 個のコインを投げたとき，表と裏がどんな確率で出現するかというのが**二項分布**（binomial distribution）の代表的な例です。なぜ二項という言葉が使われるのかというと，$(a+b)^n$ という二つの項をもつ式を展開したときの係数が，出現頻度と一致するからです。

4個のコインを投げたときには，$2^4=16$ 通りの表裏の出方が考えられますが，4個とも表か，3個が表か，2個が表か，1個が表か，4個とも表でないかのいずれかです。それぞれの確率を計算するには，n を 4 として，$(a+b)^4$ を展開すればわかります。

$$(a+b)^4 = a^4 + 4a^3b + 6a^2b^2 + 4ab^2 + b^4$$

仮に a を表とすれば，4個とも表の場合は a^4 の係数である 1 で，確率は 16 分の 1。3個が表の場合は a^3b の係数である 4 で，確率は 16 分の 4。2個が表の場合は a^2b^2 の係数である 6 で，確率は 16 分の 6。1個が表の場合は ab^3 の係数である 4 で，確率は 16 分の 4。4個とも表が出ない場合は b^4 の係数である 1

で，確率は16分の1になります。もちろん，すべての確率を合計すれば1になります。

それぞれの確率を出すには，高校の数学で学ぶ組み合わせ（combination）の計算でわかります。下は n 個の異なるものの中から x 個を選んで作ることのできる組の数を導く公式です。

$$_nC_x = \frac{n!}{x!(n-x)!}$$

先ほどの例で，表が2個出るときの係数を知りたいときには，$n=4$，$x=2$ として次の計算をします。

$$_4C_2 = \frac{4!}{2! \times 2!} = 6$$

一般に p の確率で起こる事象を n 回試してみたとき，ちょうど x 回だけ起こる確率は，次の式で表すことができます。3級の試験には出ませんが，参考のために挙げておきましょう。

$$\Pr(X=x) = {_nC_x}\, p^x(1-p)^{n-x} \qquad x=1,2,...,n$$

ここで，x は離散値をとる**確率変数**です。n と p がパラメータで，n は自然数，p は確率で1より小さい有理数です。そのため，二項分布は二つのパラメータを用いて，しばしば次のように表します。

$$B(n,p)$$

二項分布の式によって不適合品の数はいくつになるかなどを確率的に知ることができるので，例を挙げて計算に取り組んでみましょう。

ここで，不適合品が出る確率を0.05（$p=0.05$）とし，サンプルの数を100個（$n=100$）とします。100個のうち0.05の確率で不適合品となるので，p と n をかけ合わせた5個（$np=5$）が，不適合品数の平均値になることは理解しやすいと思います。説明は省きますが，二項分布では平均は np，分散は $np(1-p)$，標準偏差は $\sqrt{np(1-p)}$ となります。

では，実際に不良品がぴったり5個になる確率を式から割り出します。

$$\Pr(X=5) = {}_{100}C_5\, 0.05^5 (1-0.05)^{100-5}$$

電卓を使っても計算するのは大変なときには，ここでも表を用いて求めることができます。

二項分布表

$np=5$

x	n	10	20	50	100	250
	p	.50	.25	.10	.05	.02
0		.001	.003	.005	.006	.006
1		.010	.021	.029	.031	.033
2		.044	.067	.078	.081	.083
3		.117	.134	.139	.140	.140
4		.205	.190	.181	.178	.177
5		.246	.202	.185	.180	.177
6		.205	.169	.154	.150	.148
7		.117	.112	.109	.106	105
8		.044	.061	.064	.065	.065
9		.010	.027	.033	.035	.036
10		.001	.010	.015	.017	.018
11		-	.003	.006	.007	.008
12			.001	.002	.003	.003
13		-	.000	.001	.001	.001

表の n が「100」，p が「.05」となっている列と，x が「5」になっている行の交わるマス目の「.180」が求める確率となります。

なお，参考までにパソコンの表計算ソフト Excel を持っている人は，次の式をセルに入れれば簡単に答えを出すことができます。

=BINOMDIST(5, 100, 0.05, 0)

不適合品の出る確率が，0.05 という低い数値であっても，100個すべてが不適合品になる確率は0にはなりません。

最後に，$n=15$ で，p の値が 0.05，0.1，0.2，0.3，0.4，0.5 となっている二項分布のグラフを重ねて掲載しておきます。p が 0.5 に近づくにつれ，正規分布の形に似てくることに気づいたのではないでしょうか。実は正規分布とは，p が 0.5 で n を無限大にした二項分布 $B(\infty, 0.5)$ のことなのです。

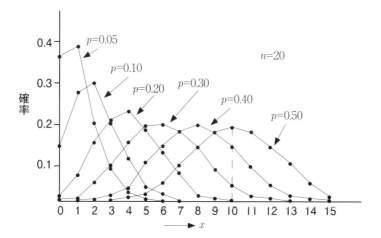

第5章 管理図

●第5章 管理図

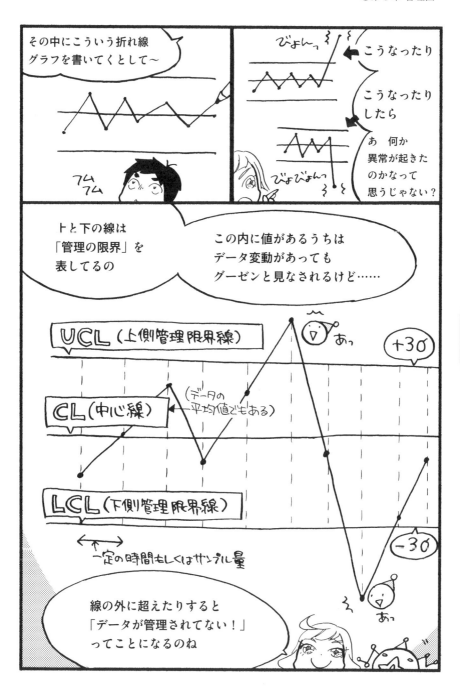

1 管理図の考え方と使い方

管理図（control chart）は，QC 七つ道具の一つです。「工程が統計的管理状態（state of statistical control）であるかどうかを評価するための管理図」のことを**シューハート管理図**（Shewhart control chart）といいますが，品質管理に用いられるのは，ほとんどこの種の管理図です。

統計的管理状態とは，時系列データの変動が，**見逃せない原因**（assignable cause）によるものでなく，**偶然原因**（chance cause）のみによって起きている状態のことをいいます。そうでない状態を**管理外れ**といい，対策が必要となります。

JIS Z 8101-2：1999 では，管理図の定義は次のようになっています。

> 管理図は，連続した観測値もしくは群にある統計量の値を，通常は時間順又はサンプル番号順に打点した，上側管理限界線，及び／又は，下側管理限界線をもつ図。打点した値の片方の管理限界方向への傾向の検出を補助するために，中心線が示される。

定義だけではわかりづらいので，図を見ながら概要を理解してください。通常，**上側管理限界線**（upper control limit）は記号 **UCL**，**下側管理限界線**（lower control limit）は記号 **LCL**，**中心線**（central line）は記号 **CL** で示します。シューハ

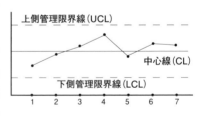

ート管理図では，標準偏差を 3 倍した $\mu \pm 3\sigma$（スリーシグマ）の上側と下側を管理限界線としています。

図に打点する値は，一定の間隔（時間あるいはロット）ごとに一定数をサンプリングして，その一群から得られた数値です。一定数のサンプルを**群**（subgroup）といい，図の群番号の真上に値を書き入れます。

群の値の変動から工程の状態を評価しますが，JIS Q 9024：2003 では，管理

●第5章 管理図

図の特徴を次のように表しています。

> 管理図は，チェックシートとは異なり，標準的なプロセスにおいて時間の経過とともに変動する量を測定するために使用する。また，ヒストグラムとも異なり，制御不能事象の精密な発生時刻，又はある期間にわたるプロセスの傾向を示すものである。

シューハート管理図には様々なものがありますが，QC検定3級の出題範囲は，下表の中の $\bar{X}$-R 管理図，p 管理図，np 管理図の三つです。

	管理図の名称	記号の意味
計量値データの管理図	$\bar{X}$-R 管理図	$\bar{X}$：群の平均値 R：群の範囲（最大値と最小値の差）
	$\bar{X}$-s 管理図	s：群ごとの標本標準偏差
	Me-R 管理図	Me：群のメディアン（中央値）
計数値データの管理図	p 管理図	p：群の不適合品率
	np 管理図	np：群の不適合品数
	c 管理図	c：群の不適合数
	u 管理図	u：群の単位あたりの不適合数

計量値データの管理図は，多くの計量値データが正規分布をとることを基礎として作られます。しかし，範囲 R の平均などは正規分布をとりません。また，群のサンプルサイズが小さいと，通常の計算による標準偏差があまり意味をなさなくなります。

そこで，JIS Z 9021：1998にあるような「管理限界を決める係数」等の表を用いて，$\mu \pm 3\sigma$ にあたる UCL と LCL を決定します。

計数値データの管理図である p 管理図と np 管理図は，計数値データが二項分布をとることを基礎として作られます。管理限界の 3σ は計算で決定できます。ただし，c 管理図や u 管理図は，QC検定3級の出題範囲外のポアソン分布を基礎としています。

JIS Q 9024：2003では，管理図の作成手順は次のようになっています。

1. 期間を定め，データをとる。
2. データの平均値を算出する。
3. 管理限界を算出する。
4. データを時間順，又はサンプル番号順に打点しグラフを作成する。
5. 平均値線，管理限界線を記載する。
6. 必要事項を記入する（目的，データ数，作成日，作成者，平均値，管理限界線など）

できあがった管理図からどのような判定がくだせるかについても，JIS Z 9021：1998 がルールを示しています。

突き止められる原因による変動の判定ルール

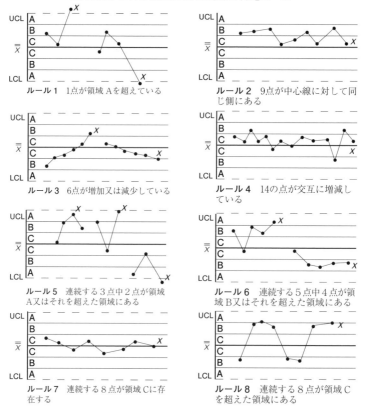

ルール1　1点が領域Aを超えている

ルール2　9点が中心線に対して同じ側にある

ルール3　6点が増加又は減少している

ルール4　14の点が交互に増減している

ルール5　連続する3点中2点が領域A又はそれを超えた領域にある

ルール6　連続する5点中4点が領域B又はそれを超えた領域にある

ルール7　連続する8点が領域Cに存在する

ルール8　連続する8点が領域Cを超えた領域にある

●第 5 章 管理図

管理限界を超えていたり，増加傾向や減少傾向があったりすると，見逃せない原因があるだろうと予測できると思います。しかし，ルール 7 は不思議に思えるのではないでしょうか。15 点連続で $\pm\sigma$ の範囲にあるというのは，とてもよいことのように見えます。その理由は，確率の計算をしてみるとわかります。正規分布をとる値が，$\pm\sigma$ の範囲内にある確率は 0.683 です。それが 15 回連続する確率は，$0.683^{15} \simeq 0.003$ であり，1000 回に 3 回しか起きない注意すべき事態なのです。

QC 検定 3 級では，管理図のうち計量値に関する $\bar{X}$-R 管理図と，計数値に関する p 管理図と np 管理図が出題範囲です。次項以降で説明していきましょう。

2 $\bar{X}$-R 管理図

$\bar{X}$-R 管理図は計量値に関する管理図で，$\bar{X}$ 管理図と R 管理図を上下に並べたものです。$\bar{X}$ 管理図は群の平均値の変化を評価し，R 管理図は群のばらつきの変化を評価します。

右下のデータから $\bar{X}$-R 管理図を作ってみましょう。

X_1，X_2，X_3 の 3 個ずつのデータが 10 セットあります。つまり，サンプルサイズ 3（$n=3$）の群が，時間順あるいは一定のロット順に 10 個あるという意味です。すなわち，群の数は 10 です。

$\bar{\bar{X}}$ は，各群の平均 $\bar{X}$ を平均したもので，計算すると 3.11 になります。$\bar{R}$ は各群の範囲 R を平均したもので，計算すると 0.51 になります。後は「管

$\bar{X}$-R 図作成用データ一覧

群番号	X_1	X_2	X_3	$\bar{X}$	R
1	3.20	3.10	3.44	3.25	0.34
2	3.51	3.27	2.85	3.21	0.66
3	3.12	3.03	2.73	2.96	0.39
4	2.63	2.72	3.16	2.84	0.53
5	3.64	3.35	2.98	3.32	0.66
6	2.85	3.16	3.52	3.18	0.67
7	2.72	3.31	3.32	3.12	0.60
8	3.16	3.01	3.04	3.07	0.15
9	3.29	2.88	2.68	2.95	0.61
10	2.91	3.17	3.42	3.17	0.51

$\bar{\bar{X}}$: 3.11　　$\bar{R}$: 051

理限界を決める係数」の表を用意すれば管理図を作る準備が整います。

管理限界を求める計数表

群の大きさ n	A_2	D_3	D_4
2	1.880	0.000	3.267
3	1.023	0.000	2.574
4	0.729	0.000	2.282
5	0.577	0.000	2.114

＊群の大きさで係数は変化する。

UCL，LCL，CL を求めるには，JIS Z 9021：1998 に記載されている「管理限界の公式」を用います。

$\bar{X}$ 管理図の管理限界線と中心線は次表の式で与えられます。

UCL	$\bar{\bar{X}} + A_2 \bar{R}$
LCL	$\bar{\bar{X}} - A_2 \bar{R}$
CL	$\bar{\bar{X}}$

公式に数値を入れて計算します。

UCL　　$3.11 + 1.023 \times 0.51 \simeq 3.63$

LCL　　$3.11 - 1.023 \times 0.51 \simeq 2.59$

CL　　3.11

R 管理図の管理限界線と中心線は次表の式で与えられます。

UCL	$D_4 \bar{R}$
LCL	$D_3 \bar{R}$
CL	$\bar{R}$

公式に数値を入れて計算します。

UCL　　$2.574 \times 0.51 \simeq 1.31$

LCL　　$0.000 \times 0.51 = 0$

CL　　0.51

これをもとに $\bar{X}$-R 管理図を作ると，下の図のようになります。R 管理図に LCL が書き入れてないのは，値が 0 であり，それより小さい範囲 R はありえないからです。判定のルールからすると，工程は統計的管理状態にあるといえるでしょう。

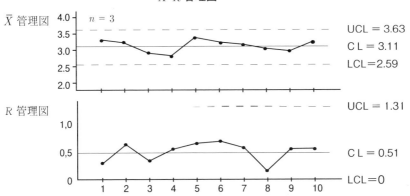

3　p 管理図と np 管理図

いずれも計数値に関する管理図で，不適合品率を管理するのが p 管理図，不適合品数を管理するのが np 管理図です。

二項分布の説明を読み返してください。p は不適合品が出る確率，n はサンプルサイズ，np は「不適合品が出る確率」×「サンプルサイズ」=「不適合品数」と考えれば，大まかな概念は理解できるのではないでしょうか。

それでは，右のデータから p 管理図と np 管理図を作ってみましょう。

サンプルサイズ 40（n=40）のデータが 10 群あります。群の不適合品の数（np）から，それぞれ不適合品が生

群番号	不適合品率 p	不適合品数 np	サンプルサイズ n
1	0.200	8	40
2	0.350	14	40
3	0.100	4	40
4	0.175	7	40
5	0.325	13	40
6	0.225	9	40
7	0.300	12	40
8	0.450	18	40
9	0.125	5	40
10	0.375	15	40
	$\bar{p} \simeq 0.213$	合計 85	合計 400

じる確率（p）が割り出せます。また，全体のサンプルサイズ（$n=400$）から，確率の平均$\bar{p}$が割り出せます。

p管理図を作るにはpについての標準偏差の値が必要ですが，次の公式で与えられることがわかっています。

$$\sigma = \sqrt{\frac{p(1-p)}{n}}$$

このため$\mu \pm 3\sigma$にあたるUCLとLCLは次の公式で計算でき，CLとなるμには$\bar{p}$を用います。

UCL	$\bar{p} + 3\sqrt{\dfrac{\bar{p}(1-\bar{p})}{n}}$
LCL	$\bar{p} - 3\sqrt{\dfrac{\bar{p}(1-\bar{p})}{n}}$
CL	$\bar{p}$

公式に数値を入れて計算します。

$$\text{UCL} \quad 0.213 + 3\sqrt{\frac{0.213 \times (1-0.213)}{40}} \simeq 0.407$$

$$\text{LCL} \quad 0.213 - 3\sqrt{\frac{0.213 \times (1-0.213)}{40}} \simeq 0.019$$

$$\text{CL} \quad 0.213$$

これをもとにp管理図を作ると，下図のようになります。1点がUCLを超えているので，統計的管理状態にないことが疑われます。

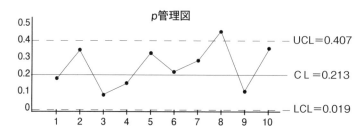

次いで np 管理図を作ります。今度は np についての標準偏差の値が必要ですが，p の標準偏差の式に n を掛け合わせればよいので，次の式で与えられます。

$$\sigma = \sqrt{np(1-p)}$$

このため $\mu \pm 3\sigma$ にあたる UCL と LCL は次の公式で計算でき，CL にあたる μ は $n\bar{p}$ であり，すべての不適合品数を群の数で割った数となります。

UCL	$n\bar{p} + 3\sqrt{n\bar{p}(1-\bar{p})}$
LCL	$n\bar{p} - 3\sqrt{n\bar{p}(1-\bar{p})}$
CL	$n\bar{p}$

公式に数値を入れて計算します。

UCL　　$8.5 + 3\sqrt{8.5 \times (1-0.213)} \simeq 16.26$
LCL　　$8.5 - 3\sqrt{8.5 \times (1-0.213)} \simeq 0.74$
CL　　　$85 \div 10 = 8.5$

これをもとに np 管理図を作ると，図のようになります。p 管理図と同様に 1 点が UCL を超えているので，統計的管理状態にないことが疑われます。

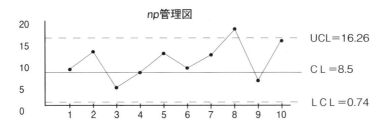

第6章 工程能力指数

1 工程能力指数

工程能力(process capability)は,JIS Z 8102-2:1999で次のように定義されています。

> 安定した工程の持つ特定の成果に対する合理的に到達可能な工程変動を表す統計的測度。通常は工程のアウトプットである品質特性を対象とし,品質特性の分布が正規分布であるとみなされるとき,平均値±3σで表すことが多いが,6σで表すこともある。(後略)

これも難しい定義ですが,工程のアウトプットが安定しているか,つまり,工程が品質のばらつきを十分に小さくできているかどうか,というのが工程能力です。そして,その能力を合理的に判断する統計的な尺度として,**工程能力指数**(process capability index)が用いられています。通常は記号 C_p か PCIで表し,数値が高いほど工程は安定しています。

正規分布と σ(標準偏差)については4章で学びましたので,正規分布の「平均値±3σ」が,どのような意味を持つのか下の表で確かめてみましょう。

基準とする範囲	基準外になる確率	工程能力指数に換算
平均値 ± σ	0.317310508	0.33
平均値 ± 2σ	0.045500264	0.67
平均値 ± 3σ	0.002699800	1.00
平均値 ± 4σ	0.000063342	1.33
平均値 ± 5σ	0.000000573	1.67
平均値 ± 6σ	0.000000002	2.00

品質が正規分布に従うものとして「平均値±3σ」を管理の基準とすれば,規格の上限値と下限値から外れる不適合品が生じる確率は,0.27%に過ぎないことがわかります。

このため5章で学んだ管理図でも,**3σ**(スリーシグマ)を目安としている

のです。±4σ（不適合が0.0063％）を超えると工程能力は十分で，±5σ（不適合が0.000057％）を超えると管理はやり過ぎの恐れがあり，コストに見合っているかどうかを見直します。

2 工程能力指数の計算と評価方法

では，工程能力指数C_pを計算してみましょう。算出方法には複数あります。

ここで注意すべきことは，算出のもとになる値は，母集団のものではなく，標本のものであるという点です。そのため，標準偏差には，母集団のσでなく標本のsを用います。

まずは，規格に上限値（S_U）と下限値（S_L）がある場合です。これを両側規格と呼びます。平均値$\bar{x}$（工程平均）に関係なく算出できます。

$$C_p = \frac{S_U - S_L}{6s}$$

次は，規格に上限値か下限値しかない場合です。これを片側規格と呼び，これには平均値$\bar{x}$（工程平均）を用います。

上限値しかない場合： $C_p = \dfrac{S_U - \bar{x}}{3s}$

下限値しかない場合： $C_p = \dfrac{\bar{x} - S_L}{3s}$

最後は，両側規格で平均値（工程平均）が規格の中心値に対して偏りがある場合です。記号にはC_pに偏りを表すkを加えたC_{pk}を用います。

$$C_{pk} = \min(\frac{S_U - \bar{x}}{3s}, \frac{\bar{x} - S_L}{3s})$$

式の min( ) という記号は，カッコの内の数値の中から最小値を選ぶことを意味します。

平均値が上限側に偏っているときは上限値に対する $C_p = (S_U - \bar{x})/3s$ が小さくなり，下限側に偏っているときは $C_p = (\bar{x} - S_L)/3s$ が小さくなります。工程能力指数は小さいほうが問題となるので，二つの値で小さいほうを C_{pk} とすればよいのです。

これらの算出方法から，工程能力指数と σ の倍数との間には前掲の表にある関係があるとわかります。

つまり，$C_p \geq 1.33$ なら 4σ 以上，$C_p \geq 1.00$ は 3σ 以上の管理ができています。反対に，$C_p < 1.00$ なら工程能力不足であり，$C_p < 0.67$ であれば 2σ に満たない異常事態で，4.6％もの不適合品が生じます。

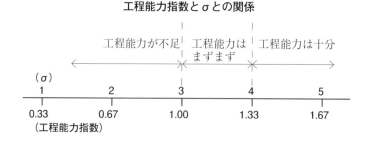

工程能力指数とσとの関係

では，最後に実際に計算をして，確かめてみましょう。

長さ 10 ± 0.05mm を規格とする加工を行う工程で，標本の平均値が 10.02mm，標準偏差 s が 0.012mm であった場合の工程能力指数を計算します。

両側規格の C_p を求めます。

$$C_p = (10.05 - 9.95) \div (0.012 \times 6) \simeq 1.39$$

となり，$C_p \geq 1.33$ なので，十分な工程能力指数があるように見えます。

次に偏りを考慮した C_{pk} を求めます。

上限側　$(10.05 - 10.02) \div (0.012 \times 3) = 0.83$

下限側　$(10.02 - 9.95) \div (0.012 \times 3) = 1.94$

ここで，小さい方の値を取るので，$C_{pk} = 0.83$ となり，$C_{pk} < 1.00$ なので，工程能力指数がとても不足していることが確かめられました。

当然ですが，このように常に $C_p \geq C_{pk}$ という関係が成り立ちます。正確な工程能力を把握するためには，C_p だけでなく C_{pk} を用いる管理が必要です。

余談になりますが，シックスシグマという言葉を聞いたことがある人もいるでしょう。これは，アメリカで提唱された経営管理の手法で，不適合品の発生確率を100万分の3.4に抑えようとするものです。1000分の2.7である 3σ よりも，ずっと厳しい管理を目指していることがわかります。

ところが，204ページの表を見てみると，6σ は1億分の2なので，シックスシグマとかなり隔たっています。実は，シックスシグマは統計学の 3σ とは異なる方法で導き出されたもので，尺度が異なるため単純には比較できないのです。

1 相関係数

QC七つ道具の散布図は，グラフから二つの変数の相関関係を直観的に読みとるものでした。いっぽう相関分析は，**相関係数**（correlation coefficient）という数値から対のデータ x と y の相関関係を分析するものです。

相関係数 $r(x, y)$ は，次の式で表されます。

$$r(x, y) = \frac{V_{xy}}{s_x s_y}$$

式の分母は x と y の標本標準偏差の積です。分子の V_{xy} は**共分散**（covariance），あるいは**標本共分散**といい，対のサンプルの値についての分散を意味します。

共分散の式は次のようになっています。

$$V_{xy} = \frac{1}{n-1} \sum_{i=1}^{n} (x_i - \bar{x})(y_i - \bar{y})$$

$(x_i - \bar{x})$ と $(y_i - \bar{y})$ が，ともに正かともに負になることが多いと，正の相関が強くなります。反対に，いずれかが正でもう一方が負になることが多いと，負の相関が強くなります。

2 相関係数の計算方法と評価方法

下の三つのグラフを見てください。5対の $(x_i - \bar{x})$ と $(y_i - \bar{y})$ の値を打点し，相関関係を単純化してみたものです。

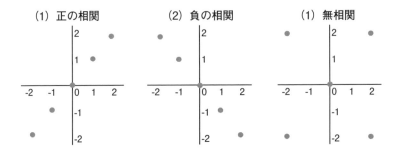

それぞれ共分散を計算してみましょう。

(1) 強い正の相関があるときの共分散
$$((-2)\times(-2)+(-1)\times(-1)+0\times 0+1\times 1+2\times 2)\div 4 = 2.5$$

(2) 強い負の相関があるときの共分散
$$((-2)\times 2+(-1)\times 1+0\times 0+1\times(-1)+2\times(-2))\div 4 = -2.5$$

(3) 無相関のときの共分散
$$((-2)\times(-2)+(-2)\times 2+0\times 0+2\times(-2)+2\times 2)\div 4 = 0$$

正の相関が強いと大きいプラスに，負の相関が強いと大きいマイナスに，相関がないと0に近づくことがわかると思います。

ところが共分散には，データのばらつき具合によって数値が大きく変動するという問題があります。そこで，次式のように標本標準偏差の積で割ります。その式が，相関係数を計算するための公式となります。

$$r(x, y) = \frac{\sum_{i=1}^{n}(x_i - \bar{x})(y_i - \bar{y})}{\sqrt{\sum_{i=1}^{n}(x_i - \bar{x})^2} \cdot \sqrt{\sum_{i=1}^{n}(y_i - \bar{y})^2}}$$

説明は省きますが，相関係数は必ず**−1から1まで**の値になります。このため，相関係数は，相関の程度を判定するのに都合のよい指標となっているのです。

では，シンプルなデータをもとにして実際に計算してみましょう。

仮に5対のデータを $(4, 8), (2, 3), (0, 1), (-4, 0), (-7, -2)$ として，一覧表を作ります。

相関係数計算のための一覧

番号	x_i	$x_i - \bar{x}$	$(x_i - \bar{x})^2$	y_i	$y_i - \bar{y}$	$(y_i - \bar{y})^2$	$(x_i - \bar{x})(y_i - \bar{y})$
1	4	5	25	8	6	36	30
2	2	3	9	3	1	1	3
3	0	1	1	1	-1	1	-1
4	-4	-3	9	0	-2	4	6
5	-7	-6	36	-2	-4	16	24
	計 -5		計 80	計 10		計 58	計 62
	$\bar{x} = -1$			$\bar{y} = 2$			

式に代入すると，

$$r(x,y) = \frac{62}{\sqrt{80} \times \sqrt{58}} \simeq 0.91$$

およそ 0.91 なので，かなり強い相関があるとわかりました。

第1章 データの取り方・まとめ方

(1) 次のデータの種類を下欄の選択肢から選び,記号で答えなさい.
- あるイベントの参加率　　（　　）
- ある製品の寸法　　　　　（　　）

○選択肢
ア．順位データ　　　イ．計量値　　　ウ．分類データ
エ．言語データ　　　オ．計数値

(2) 次のデータの平均値,中央値,最頻値,標準偏差を求めなさい.

　　　5　　3　　5　　6　　9　　2

- 平均値　（　　）
- 中央値　（　　）
- 最頻値　（　　）
- 標準偏差（　　）

第2章　QC七つ道具

次の文章に適する道具の種類を下欄の選択肢から選び,記号で答えなさい.

(1) 改善すべき事項（問題）の全体に及ぼす影響度の確認,および改善による効果の確認に使用する.（　　）

(2) 二つの特性の相関関係をみるために使用する.（　　）

(3) 特定の結果（特性）と要因との関係を系統的に示したもの.（　　）

(4) 計測値の存在する範囲をいくつかの区間に分け,その区間に属する測定値の度数に比例する面積を持つ長方形を並べたもの.（　　）

(5) 収集したデータを,共通点をもついくつかのグループに分類する方法.（　　）

○選択肢
ア．ヒストグラム　イ．チェックシート　　ウ．層別
エ．グラフ　　　　オ．管理図　　　　　　カ．パレート図
キ．特性要因図　　ク．散布図

第3章　新QC七つ道具
次の文章について，正しいものに○，誤りに×をつけなさい。
(1) アローダイアグラムは，目標達成のための実施計画が，想定されるリスクを回避して目標に至るまでのプロセスをフロー化したものである。（　　　）
(2) マトリックス・データ解析法は，多変量解析の一種であり，主成分分析と呼ばれることがある。（　　　）
(3) 連関図法は，複雑な原因の絡み合う問題について，その因果関係を論理的につないだ図である。（　　　）

第4章　統計的方法の基礎
次の文章について，正しいものに○，誤りに×をつけなさい。
(1) 正規分布は，平均値μと標準偏差σで分布が決まる確率分布である。（　　　）
(2) 平均値μが0，標準偏差σが1の正規分布を標準正規分布という。（　　　）
(3) コインを3回投げたとき，表と裏の出方は全部で10通りである。（　　　）

第5章　管理図
次の文章について，正しいものに○，誤りに×をつけなさい。
(1) 統計的管理状態とは，時系列データの変動が，偶然原因のみによって起きている状態のことをいう。（　　　）
(2) 計量値データの管理図は，多くの計量値データが二項分布をとることを基礎としている。（　　　）
(3) 管理図の上側管理限界線をLCL，下側管理限界線をUCLという。（　　　）

(4) $\bar{X}$-R 管理図の A_2, D_4, D_3 は，群の数によって値が変わる係数である。
(　　　)
(5) 不適合品率を管理するのが p 管理図，不適合品数を管理するのが np 管理図である。(　　　)

第6章　工程能力指数

(1) 重さ $25.0±0.5$g を規格とする工程の平均値が 25.0g，標準偏差が 0.14g のときの，工程能力指数 Cp を計算しなさい。　(　　　　)
(2) 相関係数の値が以下のときの，x と y の関係の強さを表現しなさい。
　・相関係数　0.89　　(　　　)
　・相関係数　-0.07　(　　　)

第2部 練習問題解答

第1章 データの取り方・まとめ方
(1)　オ，イ
(2)　平均値　5.0（全ての値を加えて6で割った値）
　　　中央値　5
　　　最頻値　5
　　　標準偏差　2.45（平方和を〈データ数-1〉で割った値の平方根）
$$\sqrt{\frac{(5-5.0)^2+(3-5.0)^2+(5-5.0)^2+(6-5.0)^2+(9-5.0)^2+(2-5.0)^2}{6-1}}$$
$$=\sqrt{6}\simeq 2.45$$

第2章 QC七つ道具
(1) カ　(2) ク　(3) キ　(4) ア　(5) ウ

第3章 新QC七つ道具
(1) ×（問題文はPDPC法を説明したもの）
(2) ○　(3) ○

第4章 統計的手法の基礎
(1) ○　(2) ○
(3) ×（表と裏の出方は，2^3 で8通り）

第5章 管理図
(1) ○
(2) ×（二項分布をとるのは計数値〈離散値〉データの場合）
(3) ×（上側管理限界線がUCL，下側がLCL）
(4) ×（係数は群の数でなく，群の大きさ n により変化する）
(5) ○

第6章 工程能力指数
(1)　C_p=1.190（規格の上限値-規格の下限値を標準偏差の6倍で割る）
　　　$(25.5-24.5)\div(0.14\times 6)\simeq 1.190$
(2)　相関係数0.89は「強い正の相関」，-0.07は「無相関（相関なし）」

参 考 文 献

「JIS ハンドブック 57 品質管理 2013」
　（日本規格協会　2013 年）
「JIS 9000：2015」
　（日本規格協会　2015 年）
「ISO 9001：2015（JIS Q 9001：2015）新旧規格の対照と解説」
　（日本規格協会　2015 年）
「クォリティマネジメント用語辞典」
　（日本規格協会　2004 年）
「QC 検定 2 級合格ポイント解説」
　（オーム社　2012 年）
「QC 検定 3 級合格ポイント解説」
　（オーム社　2013 年）
「マンガでわかる初級シスアド」
　（オーム社　2005 年）
「新版統計学」
　（放送大学教育振興会　1997 年）
「改訂版 QC 数学のはなし」
　（日科技連　2014 年）
「EXCEL 関数活用　SUPER MASTER」
　（エクスメディア　1999 年）

「品質検定試験レベル表」
　日本規格協会ホームページ
「品質管理検定（QC 検定）4 級の手引き ver.3.0」
　日本規格協会ホームページ
「ISO 9000 Quality Management」
　ISO ホームページ
「ISO 9001：2008 Quality Management Systems--Requirements」
　ISO ホームページ

索引

数字

- 3σ 204
- 3ム現象 11
- 4M 10
- 5M 10
- 5W1H 21
- 6S活動 11

アルファベット

A
- ABC 分析 20

C
- CL 192
- c 管理図 193

D
- DR 69

F
- FMEA 70
- FTA 69, 70

I
- IEC 8
- ISO 8
- ISO 9000 8
- ISO 14000 8

J
- JIS 8

K
- Kaizen 40
- KJ 法 31

L
- LCL 192
- L 型マトリックス図 168

M
- Me−R管理図 193

N
- np 管理図 28, 193, 197

O
- Off JT 110
- OJT 110

P
- PDCA 20, 21
- PDCAS 21
- PDCA サイクル 20, 43
- PDCAS サイクル 21
- PDPC 170
- PERT 168
- PLD 66
- PLP 65
- PL 法 65
- PS 71
- p 管理図 28, 193, 197

Q
- QA ネットワーク 66
- QCD 10
- QCD+PSME 10
- QCDS 10
- QCDSM 10
- QC 工程図 79
- QC 工程表 79
- QC サークル活動 46
- QC 的問題解決ステップ 87
- QC 的問題解決法 87
- QC 七つ道具 19, 143
- QFD 68

218

R
R管理図 …………………………… 28

S
SDCA …………………………… 21
SDCA サイクル ………………… 21
SI …………………………………… 98

T
TQC ……………………………… 7
TQM ……………………………… 7
T型マトリックス図 …………… 168

U
UCL ……………………………… 192
u管理図 ………………………… 193

V
VOC ……………………………… 69

X
$\bar{X} - s$管理図 ……………………… 193
$\bar{X} - R$管理図 ……………… 28, 193, 195
$\bar{X}$管理図 ……………………… 28

Z
Zグラフ ………………………… 155

かな

あ
アクセスの容易性 ……………… 73
当たり前品質 …………………… 53
後工程 …………………………… 28
後工程はお客様 ………………… 28
アローダイアグラム …………… 168
安全 ………………………… 10, 108

い
維持活動 ………………………… 45
一元的品質 ……………………… 53
インタフェイス ………………… 107

う
上側管理限界線 ………………… 192
運営管理 ………………………… 7

え
円グラフ ………………………… 155

お
応急対策 ………………………… 30
応答性 …………………………… 73
帯グラフ ………………………… 155
折れ線グラフ …………………… 155

か
改善活動 ………………………… 45
確率変数 …………………… 178, 183
確率密度関数 …………………… 178
可視化 …………………………… 30
課題 ……………………………… 86
課題達成 ………………………… 86
課題達成型ＱＣストーリー …… 87
活動の方針 ……………………… 46
感覚的な特性 …………………… 53
環境 ……………………………… 10
環境保護 ………………………… 108
観察 ……………………………… 96
完成検査 ………………………… 100
感性品質 ………………………… 55
間接検査 ………………………… 100
ガントチャート …………… 155, 169
官能検査 ………………………… 101
官能特性 ………………………… 55
管理項目 ………………………… 45
管理図 …………………………… 192
管理水準 ………………………… 45
管理外れ ………………………… 192

き
規格 ……………………………… 106
企画品質 ………………………… 52
機器 ……………………………… 10

技術展開	68
機能的な特性	53
基本理念	46
機密保持	73
客観性	73
共分散	210
業務機能展開	68

く

偶然原因	192
偶然誤差	127
苦情	72
グラフ	144, 154
クリティカル・パス	169
クレーム	72
群	192

け

計数値	124
計測器	99
継続的改善	40, 73, 86
系統誤差	127
系統図	166
計量値	124
ゲージ合わせ	96
結果の保証	66
原価	10
言語データ	125
検査	96
原材料	10
現場, 現物, 現実	26
源流管理	29

こ

公開性	73
工程異常	81
工程解析	79
工程間検査	100
工程図	80
工程内検査	100
工程能力	204
工程能力指数	204

工程能力調査	81
行動的な特性	53
購入検査	100
購入後評価	16
購入前期待	16
互換性	108
顧客	16
顧客価値	17
顧客指向	17
顧客重視	16
顧客重視のアプローチ	73
顧客の声	69
顧客満足	16
国際単位系	98
国際標準	109
国際標準化機構	8
五ゲン主義	26
誤差	99
コスト展開	68
国家標準	109
コンプライアンス	81

さ

サービスの品質	53
最終検査	100
再発防止	29
最頻値	129
魚の骨図	146
作業標準	80
作法（身だしなみ）	11
三現主義	26
散布図	144, 152
サンプリング	126
サンプリング誤差	127
サンプル	125
サンプルサイズ	126
サンプルの大きさ	126

し

時間的な特性	53
士気	10
試験	96

自工程 …………………………… 28
事実に基づくアプローチ ………… 43
事実に基づく活動 ………………… 26
事実に基づく管理 ………………… 26
下側管理限界線 …………………… 192
実用特性 …………………………… 54
社会的品質 ………………………… 66
社内標準化 ………………………… 109
従業員満足 ………………………… 47
重点課題 …………………………… 42
重点指向 ………………………… 19, 40
重点施策 …………………………… 41
シューハート管理図 …………… 9, 192
出荷検査 …………………………… 100
受入検査 …………………………… 100
順位データ ………………………… 125
小集団 ……………………………… 46
使用品質 ………………………… 52, 54
新QC七つ道具 …………………… 164
真の特性 …………………………… 54
信頼性展開 ………………………… 68
親和図 ……………………………… 164

せ
正規分布 …………………………… 179
正規分布曲線 ……………………… 179
正規分布表 ………………………… 180
生産性 ……………………………… 10
生産の3大要素 …………………… 10
生産の4要素 ……………………… 10
製造品質 …………………………… 52
製造物責任法 ……………………… 65
製造物責任防御 …………………… 65
製造物責任予防 …………………… 65
製品安全 …………………………… 71
製品保護 …………………………… 108
製品ライフサイクル全体 ………… 66
整理,整頓,清掃,清潔,しつけ … 11
是正処置 …………………………… 21
設計・開発 ………………………… 78
設計品質 …………………………… 52
説明責任 …………………………… 73

潜在トラブルの顕在化 …………… 30
全数検査 …………………………… 100

そ
相関 …………………………… 153, 210
相関係数 …………………………… 210
総合性評価 ………………………… 96
総合的品質管理 …………………… 7
総合的品質マネジメント ………… 7
層別 ………………………………… 156
測定 …………………………… 10, 96
測定誤差 …………………………… 99

た
代用特性 …………………………… 54
多変量解析 ………………………… 171
多様性の制御 ……………………… 108
単純無作為サンプリング ………… 127

ち
地域標準 …………………………… 109
チェックシート ………………… 143, 148
地区標準 …………………………… 109
中央値 ……………………………… 128
中間検査 …………………………… 100
中心線 ……………………………… 192

て
定性データ ………………………… 31
定性分析 …………………………… 31
定量データ ………………………… 31
定量分析 …………………………… 31
できばえの品質 …………………… 52
デジュール標準 …………………… 109
手順 ………………………………… 78
デファクト標準 …………………… 109
展開 ………………………………… 68
点検項目 …………………………… 45

と
統計的方法 …………………… 126, 178
統計量 ……………………………… 127

特性	51, 53
特性要因図	143, 146
度数分布表	149
トレーサビリティ	39

な
流れ図	80
なぜなぜ分析	89

に
二項分布	182
日常管理	45
日本工業規格	8
人間	10
人間工学的な特性	53

ぬ
抜取検査	100

ね
ねらいの品質	52

の
納期	10

は
破壊検査	101
バブルグラフ	155
ばらつきに注目する考え方	27
ばらつきの管理	27
パラメータ	179
パレート図	19, 143, 145
パレート分析	19
範囲	129
判定	96

ひ
ヒストグラム	144, 149, 151
非破壊検査	101
標準	106
標準化	106, 182
標準化の主題	107

標準正規分布	181
標準偏差	129, 131
標本	125
標本共分散	210
標本分散	130
品質	6, 10
品質改善	39
品質管理	6, 7, 39
品質機能展開	68
品質計画	39
品質第一	9
品質展開	68
品質特性	54
品質は工程で作り込め	17
品質方針	39
品質保証	39, 65
品質保証体系図	67
品質マネジメント	6
品質マネジメントの原則	7, 16
品質目標	39
品質優先	9

ふ
フィッシュボーンチャート	146
フォーラム標準	109
物質的な特性	53
歩留まり率	66
不偏分散	130
部門横断チーム	46
ブレーン・ストーミング	88
フローチャート	80
プロジェクト	78
プロセス	17
プロセスアプローチ	18
プロセス重視	17, 43
プロセスによる品質保証	66
プロトコル	107
分散	130
分類データ	125

へ
平均値	128

変換	…………………………	68
偏差	…………………………	129
偏差平方和	………………………	130
変動係数	…………………………	132

ほ

棒グラフ	…………………………	155
方策	…………………………	42
方針	…………………………	42
方針管理	…………………………	40
方針によるマネジメント	………	42
方針のすり合わせ	………………	42
方針の展開	………………………	42
方法	…………………………	10
母集団	…………………………	125
母集団の大きさ	…………………	126
保証	…………………………	65
補償	…………………………	65
保証期間	…………………………	65
保証の網	…………………………	66
母数	…………………………	179

ま

前工程	…………………………	28
前向き品質	………………………	53
マトリックス	……………………	168
マトリックス図	…………………	167
マトリックス・データ解析	………	171

み

見える化	…………………………	30
未然防止	…………………………	29
見逃せない原因	…………………	192
魅力的品質	………………………	53

む

無限母集団	………………………	126
無作為標本抽出	…………………	126
無試験検査	………………………	101
ムダ（無駄）	……………………	11
ムラ（ばらつき）	………………	11
ムリ（無理）	……………………	11

も

目的志向	…………………………	87
目的適合性	………………………	108
目標	…………………………	41
問題	…………………………	86
問題解決	…………………………	86
問題解決型 QC ストーリー	………	87

ゆ

有限母集団	………………………	126

よ

要因	…………………………	146
要求事項	…………………………	51
予測予防	…………………………	30
予防処置	…………………………	81

ら

ランダムサンプリング	…………	126

り

リーダーシップ	…………………	43
離散値	…………………………	124
リスクアセスメント	……………	70
リスクマネジメント	……………	70
量	…………………………	98
料金	…………………………	73
両側規格	…………………………	205
両立性	…………………………	108
履歴の追跡	………………………	39
倫理	…………………………	10

れ

レビュー	…………………………	69
連関図	…………………………	165
連続的	…………………………	124

ろ

ロット	…………………………	100
ロングテール現象	………………	145

■監修　内田 治（うちだ　おさむ）
東京情報大学総合情報学部総合情報学科 准教授
東京農業大学兼任講師
専門：統計学・実験計画法・多変量解析
現在に至る
主な著書
『SPSSによる回帰分析』オーム社（2013/08）
『SPSSによるテキストマイニング入門』（共著）オーム社（2012/06）
『Rによる統計的検定と推定』（共著）オーム社（2012/05）
『数量化理論とテキストマイニング』日科技連出版社（2010/05）
『主成分分析の基本と活用』日科技連出版社（2013/10）
『QC検定3級 品質管理の手法30ポイント』日科技連出版社（2010/12）
『QC検定2級 品質管理の手法50ポイント』日科技連出版社（2014/10）
『すぐに使えるEXCELによる分散分析と回帰分析』東京図書（2009/05）
『すぐに使えるEXCELによる統計解析とグラフの活用』東京図書（2009/09）
『すぐに使えるRによる統計解析とグラフの活用』東京図書（2010/04）
『すぐわかるSPSSによるアンケートの調査・集計・解析（第4版）』東京図書（2010/6）
『官能評価データの分散分析』（共訳）東京図書（2010/11）
『ビジュアル品質管理の基本（第4版）』日本経済新聞出版社（2010/7）
『例解高校数学Ⅰ データの分析』日本規格協会（2014/02），他

■作画　蜜谷子　ぐり（みつやこ　ぐり）

■制作　ウェルテ
　　構成・文　川﨑 堅二
　　デザイン　目黒 睦郎

- 本書の内容に関する質問は，オーム社書籍編集局「(書名を明記)」係宛に，書状またはFAX(03-3293-2824)，E-mail(shoseki@ohmsha.co.jp)にてお願いします．お受けできる質問は本書で紹介した内容に限らせていただきます．なお，電話での質問にはお答えできませんので，あらかじめご了承ください．
- 万一，落丁・乱丁の場合は，送料当社負担でお取替えいたします．当社販売課宛にお送りください．
- 本書の一部の複写複製を希望される場合は，本書扉裏を参照してください．

[JCOPY]＜出版者著作権管理機構 委託出版物＞

マンガでわかるQC検定3級

2016年2月25日　第1版第1刷発行
2019年4月25日　第1版第3刷発行

監　修　内田　治
作　画　蜜谷子 ぐり
制　作　ウェルテ
発行者　村上和夫
発行所　株式会社 オーム社
　　　　郵便番号　101-8460
　　　　東京都千代田区神田錦町3-1
　　　　電話　03(3233)0641(代表)
　　　　URL　https://www.ohmsha.co.jp/

© 内田 治・蜜谷子 ぐり・ウェルテ 2016

印刷・製本　図書印刷
ISBN978-4-274-21852-1　Printed in Japan

関連書籍のご案内

製造現場に生かす QC の知識を解説

豊富な演習問題と丁寧な解説でQC検定3級合格をサポート！

本書は、充実した解説とともに演習問題を多く配置し、問題を解きながら理解が深まるよう解説しています。特に QC 七つ道具の一つひとつをしっかり解説することで、受験者のステップアップをサポート。出題範囲のすべての分野をカバーした一冊です。

主要目次
- 第1章　受験案内と出題傾向及び学習方法
- 第2章　品質管理の実践
  - 2.1　QC 的ものの見方・考え方
  - 2.2　管理と改善の進め方
  - 2.3　品質とは【定義と分類】
  - 2.4　プロセス管理
  - 2.5　問題解決
  - 2.6　検査及び試験
  - 2.7　標準化
- 第3章　品質管理の手法
  - 3.1　データの取り方・まとめ方
     【定義と基本的な考え方】
  - 3.2　QC 的ものの見方・考え方七つ道具の活用
     【見方、作り方、使い方】
  - 3.3　新 QC 七つ道具とは【名称と使用の目的】

- ● 山下 正志・森 富美夫 共著
  後藤 太一郎 監訳
- ● A5判・256頁
- ● 定価（本体2,100円【税】）

品質管理に必要な統計学的手法をわかりやすく解説！

品質管理とは、買手の要求に合った品質の製品を経済的に作り出すための手段の体系のことです。工業製品の場合、製造者は良い品を大量にかつ安定に供給しなければなりません。現在このような品質管理において統計的手法が採用されています。本書では、製造プロセスによって得られる品質データの管理に必要な統計学的手法を説明文と例題、演習問題を通じてわかりやすく解説します。

主要目次
- 第1章　品質管理とは何か
- 第2章　品質データの表記
- 第3章　データの分布とばらつき
- 第4章　品質データの推定
- 第5章　品質データの検定
- 第6章　相関と回帰
- 第7章　多変量解析
- 第8章　実験計画法
- 第9章　品質管理と法律・規格
- 付　録　付録A　付　表
   　　　　付録B　演習問題解答

- ● 関根 嘉香 著
- ● A5判・280頁
- ● 定価（本体2,800円【税】）

もっと詳しい情報をお届けできます。
◎書店に商品がない場合または直接ご注文の場合も右記宛にご連絡ください。

ホームページ	http://www.ohmsha.co.jp/
TEL/FAX	TEL.03-3233-0643　FAX.03-3233-3440

（定価は変更される場合があります）